江南·常熟园林景观佳作

常熟市风景园林和旅游管理局

中国建筑工业出版社

图书在版编目(CIP)数据

江南·常熟园林景观佳作／常熟市风景园林和旅游管理
局.—北京：中国建筑工业出版社，2006
ISBN 7-112-08722-8

I. 江…　II. 常…　III. 景观－园林设计－简介－常熟市
IV. TU-986. 625. 33

中国版本图书馆 CIP 数据核字(2006)第 121039 号

江南·常熟园林景观佳作　编委会

主　　　　编：钱新锋
副　主　　编：瞿晓峰
编委会成员：朱良钧　　王　乐　　陈　佶　　杨　光　　刘晓东
　　　　　　黄延飞　　方继东　　浦振祥　　朱　巍
摄　　　　影：杜一鸣　　张振光　　张大虞　　高　鹏　　梅志强
　　　　　　张　雷　　王黎东　　童晓峰　　苗一峰　　周一进
　　　　　　吴惠人　　杨森鹤　　章　力　　韩云华
　　　　　　(排名不分前后)

责　任　编　辑：张振光　　费海玲
责　任　校　对：王雪竹
设　　　　计：吕兆梁

江南·常熟园林景观佳作

常熟市风景园林和旅游管理局
*
中国建筑工业出版社　出版、发行（北京西郊百万庄）
新华书店经销
北京美光制版有限公司　制版
北京中科印刷有限公司印刷
*
开本：889 × 1194毫米　1/16　印张：15　字数：477千字
2006年10月第一版　2006年10月第一次印刷
印数：1—2000册　　定价：160.00元
ISBN 7-112-08722-8
　　(15386)

序　言

年年丰收，岁岁常熟。常熟对我来说并不陌生，早闻其是风调雨顺，鱼米之乡，是典型的江南古城，距今已有3000年的人文历史。

常熟的城市格局独特，融山、水、城、园于一体，在全国较为少见。城中有山，“十里青山半入城”；城中有河，“七溪流水皆通海”；城中有湖，“千顷碧波涌西门”；城中有园，“街巷两旁俱园宅”。

进入新世纪，常熟创新理念，将整座城市当作一个大园林来营造。坚持“复古工程”，保护古迹，发扬传统，修复了虚廓园、水吾园、方塔园、燕园等10多处常熟古典园林；坚持“辅绿工程”，加大力度，大搞城市绿化，规划建绿、造园增绿、亮山透绿、筑路带绿、治脏补绿、见缝插绿等多种形式，着力营造城市绿色空间和扩大城市绿量；坚持“湿地工程”，加快对风景区的规划建设，以尚湖为代表的风景区充分发挥以水成景的功能，营造湿地景观，被列为全国十大城市湿地公园；坚持“布点工程”，加强对居住区绿地、单位附属绿地和城市小游园均衡分布，使其充分发挥功能。因此，常熟也就成为全国同类城市中首个“国家园林城市”和“国际花园城市”。

欣闻我的学生、常熟市风景园林和旅游管理局局长钱新锋组织编著《江南·常熟园林景观佳作》，这是在实践的基础上，形成与之相对应的理论，使我又看到了一个基层的工作实践者，对园林事业的挚爱和不懈追求。我欣然作序，以勉之！

王浩

2006年8月15日

于南京林业大学

和谐发展的常熟园林

虞山名胜

道路绿化

燕园

常熟，位于长江三角洲，因"土壤膏腴，岁无水旱之灾"得名。常熟依山傍水，城市风貌得天独厚。十里虞山蜿蜒入城，千顷尚湖伸展山前，城外湖泊环抱，城内琴川纵贯。民居枕河而筑，小桥流水人家，丰富的人文古迹与秀丽的自然山水相融合，体现出别具一格的江南古城风韵。

常熟有五千多年的文明史，数千年的灿烂文化留下了众多的文化名胜、古典园林。据统计，历史上出现的以私家园林为主的各种园林超过了一百二十多处。目前，现存明清以来构筑的20多处古典园林，以"秀"、"雅"、"精"、"巧"为特色，建筑典雅精致，布局融诗情画意于一体，有以水胜的曾园、赵园，有以叠山名构取胜的燕园，还有借景虞山、风光佳绝的虞山公园。

为宏扬名城历史文化，充分利用山水城一体的优越地理条件，常熟人尊重自然生态，延续历史文脉，大手笔拓展绿色空间，打造现代化绿色生态园林城市，城市风景区和园林绿化建设步伐飞速加快。把虞山、尚湖作为常熟最重要的自然遗产和绿色资源精心管理、着力打造，从20世纪五六十年代的虞山大规模绿化运动和八十年代尚湖退田还湖工程开始，实行严格的生态保护和有计划的建设开发，逐步恢复了原有的自然景观和生态环境，使虞山与尚湖交相辉映，辛峰、兴福、剑门、石洞、维摩、尚湖景区各有特色，成为名副其实的生态天堂。

近十多年以来，常熟以"城市绿地系统规划"来科学营造城市生态绿化大园林，将整个城市作为一个园林来建设。城市生态环境质量得到快速提升。先后完成了亮山工程、方塔园扩建、城市四大入口、新世纪大道、虞山南路景观等一批城市绿化的代表性项目。公园绿地、居住区绿地、单位附属绿地、生产绿地、防护绿地建设全面展开，建成城市公园12个，园林式单位6家，园林式居住区42个和一大批城市小游园。城市园林建设巧借自然之美，大幅增加绿量，依山造园、借景入园等多项措施并举，常熟市民"不出城能赏山水之景，居闹市尽享自然风光"。截止2005年底，常熟市城市建成区绿化覆盖面积达3775公顷，绿地率达49.32％，人均公共绿地面积19.05平方米，各项指标在全国各城市中皆名列前茅。先后获得了"国家园林城市"、"中国人居环境范例奖"、"全国绿化模范城市"、"国际花园城市"和"国家生态城市"等荣誉称号。

为全面反映常熟风景园林绿化建设所取得的可喜成就，全方位展示江南古城的园林新貌，我们编辑出版了这本《江南·常熟园林景观佳作》一书。该书分为城市园林、绿地广场、居住区绿地、风景区园林以及单位附属绿地等几个部分，选取了代表性的佳作案例，附以图纸、照片和文字说明。《江南·常熟园林景观佳作》的出版不仅是对常熟园林绿化工作的一个全面的回顾总结，更为重要的是在分享建设成果的同时通过提炼这些精品工程，对以往城市园林绿化工作进行深层次的思考，希望能对今后的园林绿化建设方向提供务实有益的借鉴。我们将以"改善人居环境质量，建设生态园林城市"为发展道路，坚持以人为本，全面推进城市绿化工作，努力把常熟建设成为"天蓝、地绿、水清、居佳"的"人间福地"。

钱建荣

2006年9月

西城楼阁及虞山城墙

读书台

翁同龢纪念馆

目 录

城市园林

虞山公园

设计单位：苏州园林设计院有限公司
建设单位：常熟市风景园林和旅游管理局
　　　　　常熟市城市经营投资有限公司
施工单位：常熟市古建园林建设集团有限公司
　　　　　常熟市杨园园林工程有限公司
监理单位：苏州天狮监理有限公司

虞山公园位于城区北门口虞山山麓。正门临北门大街，为旧时半巢居及陈家山门处。民国20年（1931年）建园，初为常熟公园。其时城西隅尚有逍遥游公园，原为明嘉靖年间大学士严讷读书处，后一同改名为虞山公园。

此园倚山并沿城墙构筑，紧靠虞山东麓。景观随地形起伏跌宕，建筑物错落层叠，间以林木泉石，自然风光与人工点缀浑为一体。全园分前、中、后三部。前部有景点倚晴楼、栗里茶室和卷云石；中部以水面为中心，是全园景色精华，亭、榭、曲桥四布，富有江南园林特色；后部虞山亘绵，秀木拥翠，以自然山石为主，山野韵味甚浓。以充分利用原有基础，保持地方特色，发挥天然优势，体现时代精神为原则，先后改造的主要项目有，栗里茶室场地改造，添置石台石凳；环翠小筑前后庭院改造，点缀湖石、翠竹，围以粉墙，形成雅静的盆景园；半山轩增建爬山曲廊；倚晴楼配套工程建设，使之成为富有江南园林特色的园中园。

常熟虞山公园南扩工程（简称亮山工程）2003年起实施。亮山工程东起北门大街，南至言子墓道，西界虞山新村围墙，北达原虞山公园。建设总面积为125000平方米。

该地块在虞山伸入古城山脉的北侧，为明代诗人沈玄所写诗句"七溪流水皆通海，十里青山半入城"的主体部分。地块东邻的北门大街，为古城最主要的商业居住区域。市中心方塔街到此也只有数百米。因此该地块是虞山与常熟城的最重要节点，是市民来此活动最便捷的场所。地块中原有体育场，是常熟市民健身和活动之地。

山色入城

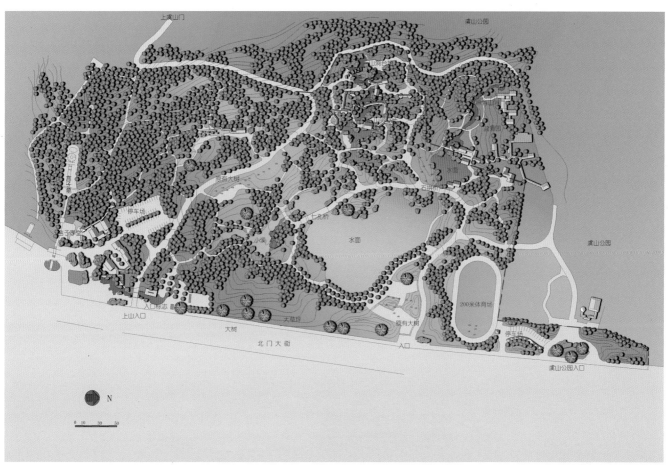

常熟虞山亮山工程方案平面

设计效果（局部）

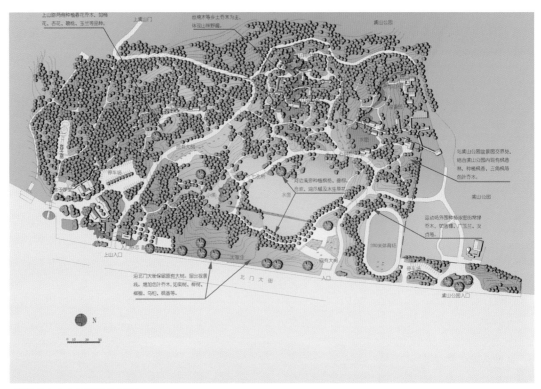

常熟虞山亮山工程绿化平面

山林雪霁

镇海台广场

园内湖景

倚晴园

桥栏石狮

夕照樹亭

湖石悄立

运动场

映山湖

山涧拱桥

湖桥夜色

广场夜景

夜练

挹秀园

听松泉

宫灯

环翠小筑

晨练

方 塔 园

设计单位：苏州园林设计院有限公司
建设单位：常熟市风景园林和旅游管理局、常熟市建设局
施工单位：常熟市古建园林建设集团有限公司
　　　　　常熟市园林风景绿化工程有限责任公司
监理单位：常熟市诚信工程建设监理有限公司

　　方塔园是常熟古城区内重点保护的十个点之一。它位于古城区东侧，南临方塔街，东接环城东路，所处地段优越，交通便利，也是老城区的商业中心。

　　方塔园现由两部分组成，一是方塔园，一是碑园。其中碑园占地约3500平方米,分政治经济、文化艺术、宗教民俗、人物传记四个展区，共展示唐至清各类碑刻400余方。

　　园内现有方塔为国家级文物保护单位，始建于北宋端拱元年（公元988年），于南宋建炎四年（公元1130年）续建，至咸淳间建成，原名崇教兴福寺塔。为兴福寺下院的一个主要组成部分。塔四面九层，高62.25米，为宋式砖木结构，顶呈盔帽形，身呈梭子形，塔角舒展，外形线条柔和，造型清秀，俊拔巍峨。其规模庞大，造型独特，在我国古塔建造史上有着重要的地位，也是常熟市的重要标志之一。另外两处具有很高观赏价值的景物为古银杏和南宋古井，与方塔并称方塔园"三宝"。特别是古银杏，其干径近2米，株高达30多米，冠幅覆地数亩。

　　方塔园以方塔为主景，形成两条轴线，把全园联为一体。东西向轴线为主轴线，由方塔、古经幢、梵殿残构、入口门厅、棂星门、照壁等构成；南北向轴线由古山门、放生池、方塔、碑园大殿等组成的次轴线。方塔园由六个景区组成，全园设有一个主出入口，两个次出入口。

　　方塔商肆是一个园林式的购物环境，布局于方塔园周边，并以园为核心逐层展开。总占地面积约2.03公顷，由塔弄、颜港街、塔后街、兴福弄等四条小街形成的商业小区组成。主要以常熟传统工艺品及小吃为主，注重传统特色和传统工艺品。尺度上极具传统街市的尺度构成，空间组合上大小得宜，路线组织上流畅又曲折，视线上有续有断，形成了一个尺度宜人，街景丰富，且具有人情味的购物环境。

　　整个方塔园建筑风格采用宋式建筑风格,造型以宋代小式建筑构成形式为主，局部建筑采用宋代大式建筑的形式。方塔园内的园林建筑以木结构为主，方塔商肆则以砖混结构为主。

　　建筑类型以悬山、硬山为主，适当采用一些歇山建筑，以丰富街景。平面形式多以一字形、工字形、丁字形及十字形为主。建筑层次方面，方塔园内园林建筑多为一层或一层重檐，方塔商肆则以二层为主，一层及三层为辅，使之既具有传统建筑的特色，又能满足现代生活的使用要求。

　　常熟方塔园二期工程是继一期后对方塔园的城市配套功能进一步完善，是对方塔园艺术品位的又一次整体提高，并对常熟文化古城的历史文化内涵进行深层次挖掘，以及对方塔园景观空间的拓展和延伸等方面所进行的努力。

塔影

总平面

方塔园二期鸟瞰图

文昌阁

方塔公园二期西立面

方塔公园二期东立面

方塔园东西向（颜港－琴川河）剖面

方塔园鸟瞰

古杏春晖

文昌阁

方塔夜色

一池三山

醉尉冬景

方塔雄姿

石幢

碑馆院景

瑞雪染宝塔

湖石叠山

碑刻馆

古城地标

虚廓园、水吾园（曾园、赵园）

设计单位：苏州园林设计院有限公司
建设单位：常熟市风景园林和旅游管理局
施工单位：常熟市古建园林建设集团有限公司
　　　　　常熟市园林风景绿化工程有限责任公司
监理单位：常熟市诚信工程建设监理有限公司

虚廓园、水吾园两园邻近，位于常熟古城西南隅。南临九万圩，东接角里，北至翁府前路，西依护城河，与常熟中学毗邻。占地面积29280平方米。

园地原属常熟名园小辋川，系明朝万历年间监察御史钱岱所筑。园林仿唐王维辋川别业营造，一切台阁亭榭，悉颜以辋川诸胜之名，绝类蓝田别墅。

清代嘉庆、道光年间，吴峻基据小辋川西部部分遗址构园，种竹养鱼，荷香数里。初名"水壶园"，又名"水吾园"。同治、光绪年间，阳湖卧铺烈文（字惠甫，号能静居士，同治时官直隶州知州）寅居常熟，购得此园，筑天放楼、能静居、柳风桥、静溪、梅泉志胜、似舫及假山等。园以水胜，名"静园"，俗称"赵吾园"。民国初年，园归常州盛宣怀所有，后盛氏舍予常州天宁寺，为其下院落，更名"宁静莲社"。

与水吾园同时，刑部郎中曾之撰在小辋川故址构筑宅园，名"虚廓园"，习惯称"曾家花园"，简称"曾园"。园林台榭参差，水木清华。以荷池为中心，内植莲荷万枝。周边平岗小阜，遍植桃柳，间以红梅、绿竹、翠柏、丹枫，特别是有红豆树一株，已历数百年。全园借山取景，水光山色融为一体。有城市山林之妙，别具匠心。

水吾园、虚廓园为江苏省文物保护单位。修复时尊重历史，严格执行文物政策，对现存园林布局、山石、水体、建筑、古树、名木严格保护，原则上不进行变动，尽量保持原貌和两园特有的历史文化信息。其次，对一些有史可查但无遗迹可寻的园林景观和建筑，根据史料记载，以写意手法，重新创作，以追求总体的园林艺术效果为目标，再现古园的神韵和风貌。第三，对某些史料记载的园林建筑和原状不完善的地方，在不影响总体格局的前提下，根据造园空间要求，有目的地作一些适当调整、弃舍或补充。

园林布局和建筑造型以"淡雅朴素"为基调，突出小、巧、精的艺术风格，保持已有园林布局和建筑的传统特色和韵味。静园、虚廓园是两座独立的宅和园，它们之间仍适当分隔，各自保持独立区域和特色。通过景点题名、匾额楹联、书画字刻等传神点睛之笔，进一步挖掘园林的文化内涵和再现诗情画意神采，完善园林景观和意境创作。

水吾园、虚廓园尚有两座假山遗存。水吾园假山名"梅泉志胜"，平冈低坡，黄石礁叠。虚廓园荷池之东，亦有黄石假山一座，自南向北走向。其峰回路转，有石室、啸台、盘矶诸景和"日长山静、水流花开"，"虚廓子濯足处"等题刻。将原有的南、东、西区的现有水体相连，并辅以溪流涧谷，瀑布渊潭形成完整的水系，营造出山水景观画面。

全园以虞山为借景，山光园景，人工自然浑然一体。园以水景取胜，水面宽广，衬以平冈小阜，布局得宜。园内名人题刻，碑记历历，文化内涵深厚，更有曾朴纪念馆一座，将这位近代著名文学家、法国文学翻译家之生平呈现无遗。

1-静园园门	9-深桂听香轩	17-牌坊	25-贵品	33-琼玉楼	41-亭桥
2-耕石轩	10-舫栖浪	18-贵品部	26-环秀榭	(归耕课读庐)	42-杨柳天
3-天放楼	11-似舫	19-管理办公	27-虚廓园园门	34-水天闲话	43-花雨桥
4-柳风桥	12-能静居	20-船厅	28-前花园	35-邀月轩	44-飞红渡
5-静溪	13-万玉寒翠亭	21-梅花田	29-贵品	36-小有天	45-桃堤柳塘
6-殿春亭	14-梅泉志胜	22-娱辉草堂	30-水池	37-揽月亭	46-梅花田、梅花厅
7-秋水夕阳亭	15-虞峰叠影堂	23-寿而康堂	31-城南新筑	38-莲花世界	47-清风明月阁
8-先春榭	16-松整归云阁	24-君子长生室	32-退耕亭	39-雪台	48-便门
			(曾朴纪念馆)		40-啸台（盘磯）

静園·虛廓園規劃設計

● 總平面圖（修改）

蘇州園林設計院 2003.10.

静园·虚廓园规划设计总平面图（修改）

静園·虛廓園規劃設計

● 總體鳥瞰圖 （修改）

蘇州園林設計院 2003.10

静园·虚廓园规划设计总体鸟瞰图（修改）

环秀分胜

雪北香南

水吾荷塘

修竹掩窗

黄石假山

砖细门

虚廓村居

曾园曲廊

曾朴像

漏窗

曾朴纪念馆

水天闲话

不倚亭

花窗

曲廊

山满楼

曾园曲桥

船舫（一）

船舫（二）

天放楼

桥亭

爬山廊

水木清华

赵园长廊

荷

辋川遗物

能静居

燕 园

燕园为江苏省文物保护单位。占地约4亩有余，平面呈狭长形，南北长而东西较狭，布局独具匠心，空间组合划分灵活而富有变化，曲折得宜，别具一格。

全园总体可划分为三区。

入园门至东西横廊为一区，利用园西长廊和东西横廊前庭院中丛丛翠竹，掩隐其后园景色，使人产生空间幽邃、深远莫测之感。该区之东又巧辟小园一方，北为鸳鸯式四面厅"三婵娟室"。室前有荷花池，池水曲折透迤。池旁假山耸立，怪石嶙峋，状如群猴汇集，奔、跳、卧、立，姿态各异，形象生动，别具情趣，因名"七十二石猴"。由庭院而至山林池水，极尽空间转换变化之胜。山南置"童初仙馆"，馆内为书斋四间，布局顺应自然地形，由园东临池短廊与小桥导入，曲折幽静，饶有趣味。"三婵娟室"东侧为两层建筑"梦青莲花庵"，登小楼可远眺虞山风光。

由东西横廊至"五芝堂"为第二区，五芝堂为昔日园主人迎会亲友之所，在堂前置晋陵戈裕良筑"燕谷"黄石假山一座，咫尺山林，石景奇特，引人入胜，而假山之东沿院墙又有以高低错落之廊道与修竹构成的"诗境"，引人遐想，兴味无穷。由此顺廊道可北入"赏诗阁"，出阁下山，可至名曰"天际归舟"的临水旱舫，人移景换，组合巧妙，使该区以"燕谷"为主体之园景，曲折多变，新意迭出，堪称佳绝。人在廊中游，园景犹如连续画卷，美不胜收。

五芝堂后至园后门则为第三区，西为"冬荣老屋"，东侧小院，建有"一瓻阁"、"十愿楼"，该区为园主人日常生活起居之处。

燕园花木景观丰富。园中除广玉兰外，有桂花树、辛夷、紫藤、修竹、梧桐、柳树等，池中植以荷花。晚清史以牡丹种植极盛，品种繁多。燕谷老人张鸿在其《蛮巢诗词稿》中，即有《燕园种牡丹》、《燕园牡丹藤花盛开和李敬舆韵》等诗记盛。本邑诗人杨无恙，曾有《谢张璃隐丈摘赠魏紫》诗，着意描绘了燕园内种植的"姚黄"、"魏紫"等牡丹珍品（惜后为日寇摧残以尽），可见名花珍木亦为此园之胜。

燕谷（局部）

七十二石猴

绿转廊

三婵娟室

燕谷

旱舫

牡丹园

一池碧水

燕谷假山

碎石铺地

西城楼阁及虞山城墙

设计单位：苏州园林设计院有限公司
建设单位：常熟市风景园林和旅游管理局
施工单位：常熟市古建园林建设集团有限公司
监理单位：常熟市市政建设工程监理咨询有限公司

　　虞山城墙及西城楼阁包含三个部分，一是城门城楼，位置居西门大街中心。根据交通需要，设三座门洞，中门宽8米，副门宽4米。城楼为一层，重檐。

　　二是城墙，由于北门大街交通繁忙，重建镇江门已无可能。当城墙延伸至虞山山麓虞山入口处，采用马面坡道收头，并展示部分城墙残迹和遗址。马面坡道南部为广场，其中点缀碑亭、展室小筑和雕塑景观，用以展现城墙的文化内涵。

　　三是西城楼阁景区。西城楼阁位于古城西门之内，与城垣和阜城门毗邻，为著名的虞山十八景之一。旧有东岳行宫和地藏殿杰阁，与雉堞相峙，现有五岳楼、大石山房等建筑。五岳楼集中为两层带台座建筑，建筑面积约600余平方米。大石山房在西城内山麓，其"右界城，左短垣缭之，为户而虚其中，可以远眺云焉"，为明代孙艾凿石所筑。有大石："石廉削面可容百余人"。清吴蔚光在《大石山房游记》中说："山房屋六七楹，前庑压在石肩上"。石隙有泉，名"縠茶泉"，"古榆槐从下隙中生叶"。有诗句咏道："林下凿池留树影，岩前移石损苔痕"。

　　建设时利用原自来水公司留下的水池，形成景观水体，并使之流动，形成瀑布、叠水、涧溪等特色景观，并借此恢复了"縠茶泉"景观。

　　其入口由石板桥、牌楼、门楼组成，结合上山蹬道构成景观序列，至五岳楼达到景观高潮。

虞山门

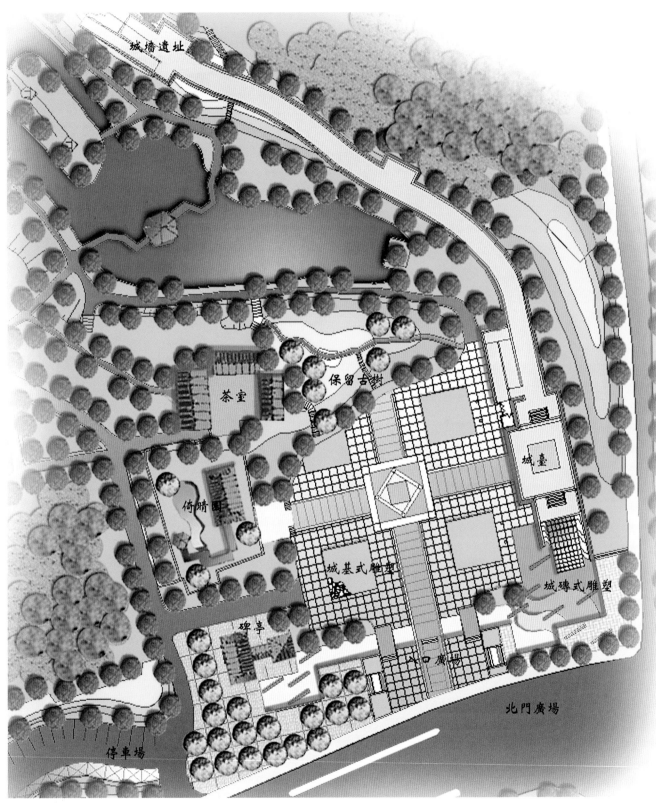

城墙遗址

保留古树

茶室

倚晴园

城台

城基式雕塑

城砖式雕塑

碑亭

入口广场

北門廣場

停車場

镇海台设计平面

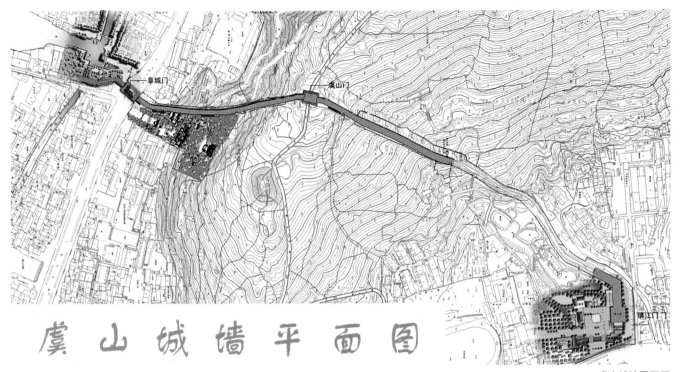

虞山城墙平面图

虞山景区效果图

五岳楼效果图

阜城门效果图

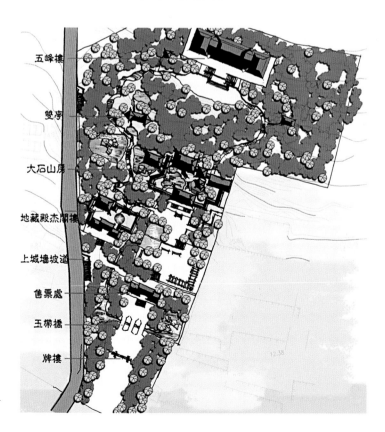

五峰楼

瘦亭

大石山房

地藏殿杰阁楼

上城墙坡道

售票處

玉带桥

牌楼

西城楼阁平面

镇海台广场效果图

阜城门效果图

西城楼阁入口

大石山房（一）

大石山房（二）

山顶池塘

镇海台上

城墙

城墙磴道

城墙

城楼（一）

城楼（二）

虞山门雄姿

书 台 公 园

　　书台公园位于虞山东南麓，建成于 1977 年 10 月，占地 1.2 公顷。园内古木参天，景点错落有致，颇有江南园林特色。园内有南朝梁昭明太子读书台，另有焦尾轩、焦尾泉、虞山东麓摩崖石刻、巫公祠、雅集亭诸景。公园大门口有花岗石石狮一对，为原老城隍庙旧物。公园入口处镌有邑人、书画家钱持云所书"读书台"之匾额。"书台积雪"为"虞山十八景"之一。

　　焦尾泉，位于读书台北。古代常熟县署前后有七条溪水横列，如古琴七弦，其西又有一溪通于山脚处，犹如琴尾，邑人以东汉蔡邕有焦尾琴，名之为"焦尾溪"，其源头则为焦尾泉，泉畔建有焦尾轩，1977 年叶圣陶为"焦尾泉"及"焦尾轩"题额。

　　汉《越绝书》称，"虞山者，巫咸所出也"。又《史记·殷本纪》称，商人巫咸"治王家有成"。唐人《史记正义》还说，海虞山上，有商代巫咸、巫贤冢，并有巫咸祠。此说明唐以前已把虞山作为巫咸活动地。2000 年在虞山北坡发现宋代摩崖石刻"巫相岗"。

　　虞山东麓，从仲雍墓道"南国友恭"坊南侧"小三台"起，经石梅至雅集亭止，多正、草、隶、篆的题名石刻。小三台有"初平石"石刻。在原雅集亭遗址山壁镌刻有"石亭铭"："两湖如境、万树连云、文学仰止、遗爱唯殷"。在巫公祠后山坡巨石上，分别镌刻"寿"、"富"、"康"、"德"、"考"五个大篆及"味石主人题"等。稍前矗立一巨石，西向刻楷书"适可"两字，上镌小字行书"昨夜飞来"，系近代书法家、铁琴铜剑楼主人瞿启甲所书。附近有石洞，洞口镌楷书"壁磊"两个字，边镌"东乎"两小字。还有清康熙五十九年（1720 年）言汝泗楷书"山辉川媚"四字，行书"松风水月"四字；乾隆十一年（1746 年）粮储道程光炬书"蒙泉"两字等。

读书台

大门

焦尾轩

得天然趣

书台积雪

壁磊

石 梅 园

　　石梅园充分利用地处"十里青山半入城"的部分山坡条件，采用富有民族特色、明清时代江南古典园林风格构筑，注意与周围虞山景区总体布局相协调。该园的建筑群体总的分两大部分：第一部分为活动室建筑，第二部分为园林园艺，即亭、台、阁、廊等点缀环境建筑。全园分两部分：第一部分为活动室等主体，建筑面积1050平方米。第二部分是配套设施，包括招待所、餐厅、茶室、理发室、小卖部、门面房、门球场、围墙、大门及点缀环境建筑等，建筑面积1300多平方米。

　　石梅园占地面积7366平方米，建筑面积2885平方米，现有绿化面积3623平方米，绿化覆盖率达70%。有大小池塘4个，约140平方米，场地面积950平方米。全园依山顺势，凿石通径，布局巧妙，气势巍峨，古朴清雅。园内怪石嶙峋，花木秀美，亭台楼阁，明清风范，形态各异，错落有致。由南往北，抬头眺望，层楼叠阁迭现；由下而上，由画廊蜿蜒，曲径通幽，意境无穷，有"逐步登高不知高，已临百丈方知晓"之感。

草繁木盛

倚山借势

园门

爬山廊

翁同龢纪念馆

设计单位：浙江古建筑设计研究院
建设单位：常熟市文化局
施工单位：常熟市古建园林建设集团有限公司

　　翁同龢纪念馆位于城内翁家巷门翁氏故居，是一座保存较为完整的典型江南建筑风格的官绅宅第。建于明代弘治、正德年间，曾几易其主。1833年由翁氏购得。1989年筹建纪念馆并对外开放，当时占地面积约1000平方米，其中綵衣堂为国家级文物保护单位。馆内陈列两代帝师翁同龢的生平事迹、书法艺术作品及其一门数代的文物、资料。

　　翁同龢，字声甫，常熟人，清咸丰六年（1856年）状元，先后为同治、光绪两朝帝师。翁同龢纪念馆是一座保存完整的具有典型江南建筑风格的明清官坤宅第，其中綵衣堂是翁馆主体，建于明代晚期，面积230平方米，堂内装饰集雕、塑、绘于一体，尤为珍贵的是绘在檩、枋等处的包袱锦彩画，有游龙、喜上眉梢、鹿鹤同春等图案计116幅，约150平方米。綵衣堂于1996年12月经国务院批准，被列为全国重点文物保护单位。

状元第

厅

园门

砖雕门楼

庭院

綵衣堂

思永堂

知止斋院落

厅堂陈设

赵用贤宅及脉望馆

设计单位：浙江古建筑设计研究院
建设单位：常熟市文化局
施工单位：常熟市古建园林建设集团有限公司

　　位于城区南赵弄10号。赵用贤是登明隆庆五年（1571）进士，选翰林院庶吉士，授检讨。其子琦美天性颖发，博闻强记，以父荫历官刑部郎中。父子皆喜藏书，生平损衣削食，假书缮抄，朱黄校仇，欲见诸实用，得善本往往文毅公序而琦美刊之，题跋自署"清常道人"，有藏书室曰"脉望馆"。馆藏珍稀版本达数万册，其中有《元明古今杂剧》被誉为国宝。今存的赵氏故居有主轴线一组共三进加东西厢房，梁上浮雕云鹤、荷叶等图案，线条饱满，雕刻精美。在梁枋斗栱上，均施有彩绘，色调清新淡雅，繁而不俗。并设有方形梿柱及抹角合盘式鼓磴，墙上嵌砌砖刻卷草纹须弥座等。厅之东侧厢屋为3小间，即赵氏藏书处"脉望馆"。内置落地长窗，前设天井，小而精巧，所存湖石亦系明代故物。此宅系国家级文物保护单位，为常熟现存最为完整的明代民居建筑，于2005年部分辟为常熟市古琴馆。

室内一角

古琴馆

古宅外景

明代古琴

古琴馆入口

聚沙塔园

设计单位：苏州园林设计院有限公司
建设单位：常熟市梅李镇人民政府
施工单位：常熟市古建园林建设集团有限公司

聚沙塔位于梅李镇东梢，原称"聚沙百福宝塔"，始建于南宋绍兴年间。

梅李镇位于常熟市东北郊，距城区12公里，是江南著名的文化古镇，人称"东乡十八镇，梅李第一镇。"梅李在数千年的历史发展中，形成了众多的名胜古迹，至清代，已有"梅李十八景"之誉。

聚沙塔园由"聚沙塔园八景"组成。

屏山听泉： 由公园西入口入园向东行百米，即可见一座湖石假山，山上飞瀑直下，为全园水之源头。游人或坐或立于此，可观山形，可闻水声，为一处绝佳的"屏山听泉"之所。

梧桐踏月： 园内主水面西侧有"映水榭"临水而建，榭后广植梧桐树。明月东升，"月照花树皆似霰"，月光荡涤了园中的五光十色，满园银辉。微风吹来，梧桐树沙沙作响，朦胧中的湖水、小亭、古塔等均若隐若现，似梦似仙，呈现一幅如诗如画的"长风送月来"的美景。

濠濮间想： "行到观鱼处，澄澄洗我心"，游人行至湖心，于濠濮亭中小坐，观亭下游鱼，渐入知鱼之乐的忘我境界。有山水鱼鸟相亲，人与自然的相依相融。

古木清风： 聚沙塔旁的古银杏，迄今已有八百多年的历史，高大挺拔，堪与古塔争雄，漫步树下，观树坛四周的名人诗词题刻，引发游人阵阵思古幽情。

聚沙塔影： 始建于宋代绍兴年间的"聚沙百福塔"为全园的重心所在，围绕古塔建成了一座塔院，院内有两座碑亭，并开月洞门与荷蒲薰风景点相通。

荷蒲薰风： 出塔院月洞门东行，即感别有洞天，此处曲折幽静，与塔院一起成为"园中园"。景点内依水而建的一组仿古建筑为梅李镇的历史民俗馆。水面尽头为"听雨轩"，遍植芭蕉翠竹，"芭蕉叶上潇潇雨，梦里犹闻碎玉声"，可谓声色兼备。

曲径寒梅： 本景点是以梅树和红叶李两种植物成片种植形成独特的绿化景观，同时又暗含了梅世忠、李开山两位将军的姓氏。梅林旁的"暗香榭"贴水而筑，可闻梅香，又可观塔影，为三五知己相聚品茗的好去处。

梅李风云： 该处景点的中心为梅世忠、李开山两位将军的塑像。据宋庆元《琴川志》载："五代十国天宝元年，吴越王谴梅世忠、李开山戍此，居民依军成市，因取二将之姓，以名其地"，故名"梅李"。于园东入口主轴线上立二位将军塑像，以示纪念，也可教育后人不忘梅李镇的起源和历史。

聚沙塔园八景，从多方位体现了梅李镇的文化内涵，山水自然景观和人文景观兼而有之。

公园绿化四季有景，百花竞秀，采用常绿树构成其绿化基调，如广玉兰、香樟、桂花、女贞等，在此基础上，再根据各地段的不同造景要求，配置一些观花观叶树种，如梅、桃、紫薇、红叶李、合欢、白玉兰、紫玉兰、垂柳、夹竹桃、鸡爪槭、芭蕉等等，从而达到四季有景，步移景异的效果。总之，绿化与建筑、山石、水体融为一体，形成一幅优美的园林景观。

塔园一角

假山池水

飞虹卧波

聚沙塔

闲趣

林下闲情

城市绿地广场
街道绿化与小游园

古城文化广场绿地

设计单位：苏州园林设计院有限公司
建设单位：常熟市建设局
施工单位：常熟市古建园林建设集团有限公司

　　古城文化广场，位于常熟古城中心，方塔街南侧。清同治年间为常熟县署所在地，故亦称老县场文化广场。建成于1996年，占地1.29万平方米，为轴对称规则式半下沉城市广场。

　　古城文化广场北侧为主入口，毗邻方塔街，地面标高与方塔街人行道位于同一高程。入口正中是圆形水池，上有常熟出土的良渚文化——玉环原形放大的汉白玉仿制品。环形中央孔内清泉源源不断地涌出，寓意琴川之源，奔泻南流经斜坡水渠跌落注入广场中央环形水体，水渠底层染以赤、橙、黄、绿、青、蓝、紫，形成七彩水帘，寓意琴河七弦之水汇集长江奔腾入海。水池周围是铺装硬地和组合花坛，四时花卉时时更换，时迁景移。水道两侧为台阶，拾级而下，步入圆形中心广场，其高程低于入口处约1.6米。圆周环以柱状图腾，雕刻体现勾吴先人庆贺渔猎、农作丰收的喜悦情景。圆形广场内设置旱喷泉、喷柱数十，喷水时水柱高达10余米，十分壮观。南端方形围栏内高耸一尊汉白玉良渚文化放大的复制品——"玉琮"雕塑，高丈余，为整座广场主景，彰显古代中华民族久远的文化底蕴。南面环形水池中，设置喷泉数百，组成群体，簇拥着玉琮雕塑。夜晚，水花在灯光辉映下，五彩缤纷，活泼轻盈。沿中心广场两侧有台阶，拾级而下，就进入供市民活动的休闲广场。休闲广场低于四周城市道路约2.0米，东西两壁置"人杰地灵"、"男耕女织"、"古市风情"等六幅浅浮雕。北侧石壁上置"古吴始祖"、"南方夫子"两幅浮雕，无声地诉说着常熟悠久的历史、灿烂的文化和淳厚的民风。

　　广场东南面，设水池一泓，贴石壁清泉跌泻呈宽阔的一道水帘，归入池中。西南筑弧形花坛，植圆锥形黄杨三五株，其下满布杜鹃。

　　广场南入口正中是花坛，亦栽满杜鹃花，两侧为汉白玉斗栱造型立柱。花坛东西有台阶，拾级而上与县西街绿地相通，绿茵中有铺装硬地、花坛、坐凳，南端设电视大屏幕，供市民娱乐休闲。广场南北入口均设有残疾人车道。

　　古城文化广场绿地率约占22%，主要布局在广场四周高阜上。北部沿方塔街东西两块绿地，上层骨干树为桂花，其下是红枫，底层铺高羊茅常绿草坪，翠绿中镶嵌红艳，鲜明夺目。绿地内树木种植密度较高，广场与方塔街形成一条绿色屏障。隔步道南侧绿地，东一块基调树种为梅，其间散植枸骨球三五株；西一块遍植垂丝海棠，其下点缀柏球数株。梅花凌寒独茂，枸骨红果累累；海棠繁花似锦，翠柏终年常青。象征常熟人民敢于争先的气概和社会繁荣昌盛的景象。

　　广场东南是常熟流派桩景，树种主要有榔榆、罗汉松等；西南桂花老树七八棵，虬枝蟠曲，古朴清雅，地被均覆盖书带草，体现常熟源远流长的文化氛围。

　　尽南端，县西街绿地草坪中耸立着高大的香樟树，投下一片片浓荫。

　　古城文化广场，以水景、雕塑（圆雕、浅浮雕）为造景的主要表现形式，较好地体现了常熟——国家历史文化名城深厚的文化底蕴，也是常熟广场建设中较为成功的作品。

玉琼雕塑

广场夜景

石梅广场绿地

设计单位：江苏省城市规划设计研究院
建设单位：常熟市建设局
施工单位：常熟市古建园林建设集团有限公司

常熟为倚山之城，"十里青山半入城"是其重要的城市格局。为保护古城风貌，提升虞山入城环境，形成绿色开放空间，根据常熟城市总体规划和名城保护规划，2002年市委、市政府决定在古城西隅，山城相连的接合处拆除旧建筑，建成以公共绿地为主、山城有机融合的市民休闲广场——石梅广场。

石梅广场背靠虞山，空间开朗，景观壮丽。背后虞山山麓上有读书台，相传为南朝梁昭明太子萧统游学著述之处；有石梅园等园林，其间高林掩映，山石嶙峋，有明清摩崖石刻，是虞山入城石景绝佳处。

石梅广场南向西门大街，东临书院街。广场占地2.07万平方米，绿地率36%。面向西门大街一侧设主次入口各一处。其西，次入口通达停车场，地面铺装均为草坪砖，亭亭玉立散点大樟树数十株，往东一片疏林草坪。绿树丛中，掩映着月牙形水池，池内置喷柱10余个；绿地内设立的木构架朴实别致，个性鲜明，背后青山亘绵，云淡天高；山峦、冈阜、平板、水体，高低起伏；乔木、灌木、地被、草坪层层叠叠，景观层次丰富。曲折的园路将东侧主广场与停车场贯通。

从主入口拾级北行进主广场，宽阔的铺装硬地，简约舒展、大气恢弘，可供市民集会活动。其后为城隍庙旧址，遗存有楼阁曲廊，假山古树；高林蔽日，清谧幽深，环境十分宜人。楼阁内有茶座，可供消遣闲坐。

主入口以东，原为绿地，较好地保留了原来的雪松、广玉兰、榉树、青桐等大树。现已东扩延伸，平坦的草地上种植雪松、红梅，红梅傲雪，青松苍翠。林下八角金盘，林缘由红叶小檗、金叶女贞、水蜡等树种组成模纹图案，色彩绚丽，富有时代气息。绿地巧妙地将北部下沉中心广场与西门大街分隔，构成氛围不同的空间组合；过下沉广场向北拾级而上，铺装地上完整地保存着建成开放于1917年的"常熟县立图书馆"旧址，现为市级文物保护单位，是民国初期常熟具有西方古典建筑风格的代表作，一定程度上体现了与时代一致的建筑特色。"县立图书馆"旧址前有上百年榉树五六株，依然生机蓬勃，而铺装地则成功地成为下沉广场的表现舞台。

西门大街、书院街十字相交处是广场的尽东头。设喷泉广场，中心置旱喷泉一组，水柱高10余米，在宽阔的广场空间烟霏云敛，显得尤为壮观。东侧"S"形水池一泓，线形舒展流畅，池内喷泉数十，每当华灯初上，喷泉水雾烟霞，色彩斑斓，装点着广场夜色。再向北又是一片草坪，高大的乔木疏朗地点植于内，一片片草花增添着草坪色彩，风姿绰约。草坪北侧为市图书馆，馆前以榉、朴、香樟等乔木树种组成树阵广场，树下围以座凳，绿荫蔽日，吸引着游人驻足。图书馆前，水池半环，其上架桥通行，浅浅的水静静地流淌着，为色彩淡雅、空气恬静的图书馆平添了动感与灵气。

喷泉广场北端，邻书院街，是广场东入口，西行穿越喷泉广场拾级而下则可进入下沉中心广场。地形跌宕，与喷泉广场构成了开合变化的空间环境。

石梅广场位于闹市区。步入广场，空间环境随之变化，将人们带进清新、开朗、宽广的绿色领域，顿觉心旷神怡。绿地中较好地保留原有的古树、大树，不失为上策。

喷泉

小径

喷泉广场

石梅广场局部效果图

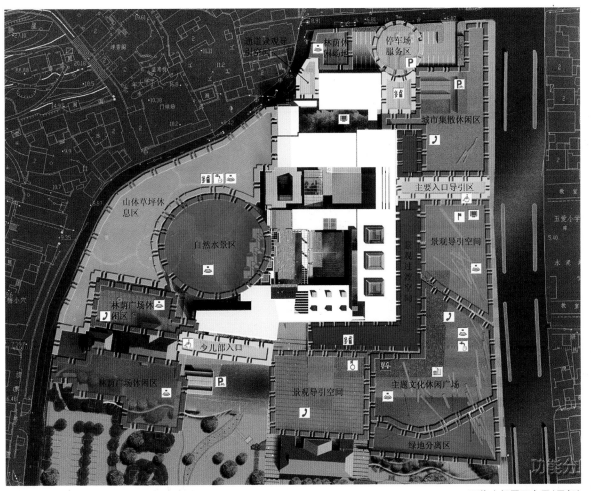

石梅广场平面布局(局部)

东 方 广 场 绿 地

设计单位：上海工程勘察设计有限公司
建设单位：常熟市海虞镇人民政府
施工单位：常熟市福农绿化工程有限公司

东方广场位于常熟市海虞镇中心地区。南邻迎宾路，北倚府前街，与海虞文化中心、海虞镇政府遥相呼应，占地4万平方米。广场景观布局以南北中轴对称式为主，并向东西两侧过渡成自然式种植的绿地，其间配置方亭、座凳、步道等休闲设施，质朴自然，简约协调。东方广场整体显得既开朗大气，又不失自然清新。

迎宾路北侧为广场主入口，正中景棚两侧沿台阶拾级而上进入广场前位，一眼望见铺装硬地宽阔平整，色彩设置淡雅协调。中轴线上组合灯具向北延绵，气势雄浑，生机勃勃，凸现了鲜明的时代特征。两侧平坦的草坪内，园路曲折，秀木层叠，鲜花丛丛，自然绚烂，较好地体现了绿化的自然韵味。

穿越广场前区进入中心广场，是东方广场的主要集会活动区，一年一度的海虞服装文化节期间人潮涌动。中心广场呈规则方形，中央喷泉烟霏，水柱高数丈，极为壮观；跌落的水池内清泉静静流淌，水景动静结合，独具匠心。其北立雕塑一座，在金字塔形灯具的烘托下，充满活力、生机和希望，是人们心理和情感的追求，寓意深远。

中心广场以北，中轴线上人工挖凿的水渠，水流清澈见底。两行伟丽的香樟撑开圆满的树冠，留下一片绿荫，巧妙地将北区分为东西两大区域，西部是少儿活动场所，绿茵中陈设各种儿童游乐设施，高低错落，生动活泼，富有朝气。东部绿地中高大的乔木林掩映着老年活动中心，安逸恬静，跃然眼前。

广场北尽端正中也设景棚，西侧亦为台阶，构成广场的北入口，与府南街相接。

东方广场中间是铺装硬地，两侧为园林绿地。绿地内主要树种有香樟、雪松、广玉兰、湿地松、马褂木、悬铃木、银杏、榉树、桂花、白玉兰、红叶李、红瑞木、山茶及杜鹃、红花檵木、金叶女贞、龟甲冬青等，乔、灌、地被，错落层叠，色相、季相变化丰富。硬地与绿地之比为6:4，绿地率接近60%。广场以雕塑、喷泉为主题，体现了活力与生机和硬质景观、软质绿化浑为一体，使人耳目一新，凸现了生态与艺术的完美统一。2004年被中国群众文化学会评为全国特色文化广场。

雕塑

花坛

河桥

临水绿地

灯具柱阵

广场一角

夕阳斜照

古城环城路绿化

古城环城路绿带，位于常熟古城区环城路外侧。北起镇海门（北门）菱塘沿，南至元和桥，环城而建。全长4.5公里，面积2万余平方米。

古城环城路绿带始建于1986年，20世纪末全线竣工。1986年完成新颜桥至阜安桥段，1987年完成新颜桥至泰安桥段，1988年完成阜安桥至红旗桥段，1991~1992年完成泰安桥至菱塘桥段，并建成绿荫覆地的园林式菱塘停车场，1993年完成元和桥至总马桥段，1994年完成总马桥至红旗桥段，至此绿带全线环通。1996年在全面完善提高绿化的基础上，以人为本，又增设亭廊、座凳、园路等园林设施，丰富古城滨河景观。1998年结合环城东路线形改造，拓宽新颜桥，再增建环城河外侧阜安桥至熙春桥段绿地，其内建花坛，设坐凳，立寓言雕塑，增照明设施，铺装硬地园路，此后，又在环城河外侧沿岸广植垂柳，贯通环城河外侧绿带。

古城环城路绿带南端移建有清代言子故里石亭，向北巧妙布局拱桥、六角亭、紫藤木香廊架及凝结古城文化内涵的雕塑小品，配以鸡爪槭、腊梅市树市花，堆积常熟深厚的历史文化。

古城环城路绿带自然、传统地种植玉兰、碧桃、樱花、石榴、桂花、紫薇、腊梅、山茶、杜鹃、月季、紫藤、木香、罗汉松、香樟、女贞等富有地域特色的树种，四季常绿，四季有花。春日，玉兰亭亭玉立，碧桃、樱花芳菲烂漫；夏季，石榴繁花似火，香樟、合欢浓荫匝地；秋令，桂花飘香四溢，红枫、鸡爪槭霜枝撼红；入冬，腊梅凌寒独茂，女贞、罗汉松傲霜葱翠，凸现了古城环城路绿带丰富的色相季相变化。

古城环城路绿带，借景水面，临水傍街行列式栽植垂柳、合欢。垂柳，淡烟疏树，碧波绿丝；合欢，花叶清丽，绿荫如盖，下层临水互绵种植迎春、黄馨，金英翠萼，临风散垂，体现了古城环城路绿带浓重的江南水乡特色。

古城环城路绿带栽植园林植物50余种，乔、灌、地被错落有致，朴实自然，较好体现了古城环城路绿带植物物种和景观的多样性。

古城环城路绿带是市区内环第一条绿带，它的建成对改善城市生态环境，提高古城环境风貌发挥着重要的作用，被常熟人民赞誉为古城环城"绿色项链"。

环城绿化带

春色

绿色玉带

雕塑小品

枕水人家

石拱桥

绿柳垂水

新世纪大道景观绿化

设计单位：无锡园林设计院 苏州园林设计院有限公司
建设单位：常熟市建设局
施工单位：常熟市古建园林建设集团有限公司
　　　　　常熟市园林风景绿化工程有限公司
　　　　　常熟市绿地园艺有限公司
监理单位：无锡市园林建设监理有限公司

　　新世纪大道是常熟城市总体规划中城区东部的南北向主干道，全长7.1公里，路宽80米，是常熟城市道路建设史上最长最宽的城市基础项目。绿化的精心设计施工，又给市区增添了一条重要的景观大道。

　　新世纪大道绿化工程于2003年2月启动，主体工程分为道路绿化及道路两侧地块绿化两大部分。新世纪大道双向快车道之间为12米中央隔离带，两侧各为2米的机非隔离带，非机动车道与人行道之间为行道树。两边人行道外各有8米绿化带。为进一步优化道路景观，建设绿色通道，根据道路两侧规划建设情况建成40～80米宽窄变化的绿地。在绿化建设中，闹市区绿地内适当配置园林小品，铺装硬地及园路，既烘托了道路绿化景观环境，又为市民提供了优美的休闲活动场所。城区外围较好地利用原有地形、水系、表层土壤等良好的环境条件组织绿化配置，并为今后逐步发展完善景点布局留下充分的规划余地，目前设置有少量旱溪，一则增添景点内容，二来也有利于绿地的径流和排水。

　　新世纪大道绿化总面积331508平方米，其中道路绿化面积192000平方米，两侧地块绿化面积

139508平方米。种植各类乔、灌木16574株，地被植物92824平方米，铺设草坪84497平方米，水面种植荷花等水生植物9466平方米，种植行道树1762株。道路绿地率48.79%。树种绝大多数为乡土树种，地带性树种，主要有香樟、榉树、朴树、银杏、无患子、水杉、桂花、含笑、垂丝海棠、樱花、红枫等百余种。

　　新世纪大道行道树为银杏、合欢，借喻常熟悠久的历史，和谐的社会。中央隔离带分段群植桂花、香樟和雪松，林下植鸢尾、金叶过路黄等地被植物，间以大块面的模纹图案、球类植物，主要树种有金叶女贞、红花檵木、龙柏和海桐等。两侧机非隔离带亦为金叶女贞、红花檵木、小叶女贞等色块，间以四季草花，整条道路绿化凸现简约、朴实、大气。道路两侧绿地以乔木为主，乔、灌、地被复层种植。依托原本的地理风貌，构建陆生、沼生、水生生态植物群落，较好地体现了物种的多样性，生态景观的多样性。余暇，散步其间，时而疏林草坪，时而花木地被密布；时而芦苇丛生，时而碧波翠盖，清香远溢。地形自然起伏，景观层次丰富，人与自然交融一起。

　　新世纪大道绿化在树种选择、地形处理上尊重自然，尊重科学，以较低的工程造价获得了较好的景观效果。2005年获"虎丘杯"苏州园林绿化十佳工程综合奖。

草地置石

池塘湿地

城市道路绿带

路侧荷池

海虞绿地

海虞绿地位于常熟古城区东北,由海虞桥隔河相望的南北两块绿地组成,面积5.6万平方米。其间常浒河纵贯,青墩塘北绕。

海虞桥北块绿地建成于1997年,名"海虞雕塑广场"。广场入口为一座似门非门的抽象雕塑"纽带",作为入口的主景和全园的障景。过雕塑顺环形道南行,西侧茂密的雪松、香樟遮挡着海虞桥的车水马龙,分隔绿地与闹市空间。东侧空旷开阔的大草坪,造成宁静、简洁、明快的氛围。草坪东头,低丘岚翠,西坡平缓,东坡稍陡,自北向南形成起伏亘绵的山脊轮廓线,低岗上群植桂花,丛植红枫,林下种杜鹃,铺草坪。每逢春季,杜鹃绚丽烂漫,丹枫红艳妖娆,金桂苍翠若屏;入秋,丹枫血染,桂子飘香,满阜葱茏。山后点植桂花,遍植修竹,蜿蜒小径中筑双亭于其间,若隐似现,深邃清幽。绿地东北原是城市建筑群,2005年拆除后又辟为绿地,草坪内乔灌木疏密相间,沿金沙江路向东延伸,与常浒河滨河绿地贯通。

与绿荫浓重的东北部相比,南部滨河绿地则栽植疏朗,形成柳丝拂岸的轻盈气氛,其间建一组水榭,凭栏远眺,长河滔滔,舟楫交流,一派水乡风光。临水游船码头与海虞桥南块绿地遥相呼应,形成视觉上的空间走廊。园林建筑,粉墙红瓦,在绿树的掩映下,协调、和谐、富有色彩变化。

1998年绿地内竖"纽带"、"农家无闲时"、"家园"等雕塑,更是海虞桥北块绿地的点睛之笔。

海虞桥南块绿地建成于1999年。在造景手法上,有别于北岸绿地,力求遵循植物种群生态原理,模拟自然,构建人工植物群落。

南块绿地入口以组合花坛、景墙、硬地构成序景广场,"海虞园"三字书于景墙之上。墙后建绿地一方,平面略成圆形,地势中央高,四周微倾。群植玉兰,镶嵌数株广玉兰,林下匍匐常春藤,以衬托景墙,形成森林藤蔓景观,中后部孤丘低山上,遍植红枫,林下布满杜鹃,山前缓坡,成片种植丰花月季、火棘、栀子花等低矮花木,凭借山势,形成层次高低,厚度丰富,色彩缤纷的市树植物群落(枫为常熟市树)。越山丘进入临青墩塘的滨河绿带,垂柳成行,宽阔地段点缀碧桃数株,富有江南水乡气息。

接近山丘的平缓地带是一片合欢林,稀疏处群植鸢尾,密林下分布玉簪;折北至常浒河青墩塘交汇处,贴水面筑弧形亲水平台一组,与北岸形成对景。南侧倾斜山坡,错落有致地种植上百年树龄的桂花十余株。老干虬曲,苍翠古朴。其西植一片腊梅,凌寒独放,风韵超逸。凸起的高阜上有亭翼然。

入口广场北端有小径直抵常浒河边。西侧沿海虞桥坡,棕榈三五成丛,散散点点连绵延伸到河边,其东,火棘、栀子花、美人蕉点缀在绿茵中;临水单列垂柳一行,婀娜多姿,轻盈疏朗。

过景墙,折向东北,循小径,穿紫藤廊架,幽篁修竹中掩映厅堂一座,构成院落。庭前孤植丹枫、樱花数株,饶有风姿。

海虞绿地铺装硬地少,绿地面积大,绿地率高达86%。绿地内乡土树种繁多,层次丰富,绿量充足。海虞绿地以植物造景为主,适当配置园林建筑小品,选址得宜,自然朴实,与周围环境和谐统一。较好地体现了植物群落、广场景观的多样性,是常熟广场建设中较为成功的实例。

海虞园

纽带（雕塑）

雕塑小品

雕塑小品

城市中的绿地

葱兰花盛

北门大街绿化

北门大街是贯通古城南北的主要道路，也是虞山峰峦迤逦入城的绿化景观带。北门大街自北向南连接着虞山城墙、虞山公园、辛峰山城景区、石梅广场等游览景点。

近年来，结合古城改造和虞山公园南扩，已将北门大街西侧紧围虞山山麓的临街建筑全部拆除，充分利用自然开合的虞山山势组景，将秀色可餐的虞山山林景观包蕴其中，构成道路景观的主要骨架，把镇海台、虞山公园、辛峰景区吸纳到北门大街道路绿化景观之中，使北门大街的景观视野广阔，自然天成，风清林茂，涤荡心扉。

北门大街全长918米，路面宽26米，绿化形式为三板四带式。在树种选择上注重空间尺度亲切宜人，具有厚重的传统文化和地方特色。两侧人行道上种植的行道树为广玉兰，树冠浓绿，挺秀端整。行道树串连着外侧的小块绿地，绿地内主栽树种是桂花、慈孝竹、树丛、草坪间散点着虞山的黄石，显得古朴清雅。机非隔离带绿化层叠错落，盘槐分枝蜷曲下垂，婀娜别致，下层凹叶景天、花叶薄荷等地被植物覆盖黄土，绿甸中规则地种植枸骨球，叶形奇特浓绿，果实红颜夺目，经冬不凋，盎然可爱。

北门大街整体绿化朴素简练，规整清雅，并巧妙地借景虞山，将道路绿化、虞山山色、古城风貌和谐地糅和在一起，不失为古城绿化建设的成功之笔。

虞山胜迹

道路绿化断面

路旁园林小品

言子小筑

文学桥

石亭

枫林路绿化

建设单位：常熟市城市经营投资有限公司
施工单位：常熟市杨园园林工程有限公司

枫林路与贯通城市新区的海虞北路十字相交，西接虞山北路，其西虞山横列。枫林路仰借虞山山色，地理环境独特。

枫林路全长2.6公里。路面宽50米，其中机动车道15米，两侧机非隔离带各为3.5米，非机动车道各6米，外侧人行道各8米，绿地面积3.07万平方米，占道路总面积的23.6%。

枫林路行道树是香樟，树下绿带满栽春鹃，机非隔离带绿化层次错落有致，骨干树种第一层为樱花，第二层为红细叶鸡爪槭，最下层是由小叶女贞、红花檵木、金叶女贞组合而成的模纹图案。临街宜绿地内，以红枫为基调树种间以桂花、广玉兰、棕榈等树种，下层种植有杜鹃、栀子花、桃叶珊瑚，林缘草坪内组合有红叶小檗、银边黄杨、瓜子黄杨、龙柏等地被。

枫林路绿化尤以春景见长。道路绿地内香樟树姿壮丽，青翠欲滴；樱花繁花似锦，妩媚多姿；羽毛枫枝俏叶丽，色似绮霞；杜鹃花红葩烂漫，绰约可爱；两侧绿地更是满目葱郁，层林红透。遥望虞山，峰峦叠翠，云气翻飞。在山峦的呼应下，枫林路显得分外清新妖娆，生机盎然。

枫林路西尽头与虞山北路交界处，有绿地一方。咫尺空间，起伏跌宕，山水流韵，风清气爽。邻街绿地环以绿树花木，穿越绿荫，一泓碧水，临水置木亭一座，木制小桥平卧其上；水边，天然卵石圆浑敦实，野趣横生，宛若天成。绿地东端，奇石突兀，上刻"春霁浦"三个大字，池水曲曲折折延伸到巨峰下，似从巨石中流泻而出，给人以"何必丝与竹，山水有清音"的意境。秀木、草甸、奇峰、卵石、曲水、亭桥，蕴藏着浓郁的自然气息。身临其中，感受的是一份宁静和愉悦，忘却的是城市的喧闹与浮躁。"春霁浦"绿地，为枫林路绿化融入了更多的生趣和韵味。

路边水景

春霁浦

道路隔离绿化带

绿波平卧

春霁浦全景

虞山南路绿化

建设单位：常熟市风景园林和旅游管理局
施工单位：常熟市虞山林场园林绿化工程有限公司
　　　　　常熟市绿化工程公司
监理单位：无锡市园林建设监理有限公司

　　虞山南路是常熟城区通往尚湖风景区的重要通道。虞山南路绿化工程于2002年5月开工建设，当年底全面竣工，被列为当年常熟城市建设重点工程项目。工程范围东起书院街石梅广场，西至宝岩生态园，全长约5公里，道路两侧各20米范围按风景区景观道路进行绿化，20米范围以外适当地块增绿补绿，绿化面积17万平方米，工程造价7000万元。

　　虞山南路景观建设有别于普通城市道路，地处虞山南麓，道路蜿蜒起伏，地形条件复杂，具有以下特点。一、与虞山整体景观相协调：虞山南坡自然景观，林相色彩丰富，季节变化明显。整条虞山南路绿化建设完全摒弃了城市道路规整现代的特点，全部采用乡土树种，通过自然的组合，复层的配置，模拟自然群落式结构，使整条道路景观依托地势，自然而不散乱，开朗郁闭相结合，色彩季相丰满，形成特色鲜明又完全融入虞山整体的一条景观带。二、生态型建设思维：在虞山南路的绿化建设过程中，强调植物景观的可持续利用。处理手法上注重植物生长的特性，自然的演化，用落叶阔叶类乔木形成骨架，观形观花类中层花灌木成群，下层弃用草皮，而多用小灌木和宿根草本片植，形成和谐生态的建设成果。三、体现因地制宜、因势利导的建设原则：虞山南路景观建设中根据地形条件合理运用不同方法进行处理。整个工程基本没有进行土方回填，地形处理上以清理和表层平整为主，根据土层的深浅选择不同的植被品种。对排水通道的处理、山体护坡的处理等也与植物造景结合，形成宛如天成的感觉。考虑到森林防火，除了道路外侧1米为耐踏草坪外，其余范围内的林下均采用宿根地被种类，部分建筑物、构筑物影响景观的，均巧妙使用垂直绿化进行遮掩。

　　虞山南路道路绿化在常熟的城市道路绿化中，运用先进的景观生态学理念，采用园林式处理方法，摒弃了当今绿化中的一些极端倾向，风格特点极为鲜明。工程建成以来，受到了社会各界的广泛好评，目前虞山南路已成为常熟对外接待一条不可或缺的观光路线。

依山入城

林中植被

路侧绿化

虞山北路绿化

建设单位：常熟市城市经营投资有限公司
施工单位：常熟市杨园园林工程有限公司

　　虞山北路南端与古城相连，北抵张家港市，为常熟市区北郊的主要干线。其西侧紧倚峰峦起伏的十里虞山，是虞山景区北境的游览线路，沿途景点接踵，风光旖旎。

　　虞山北路全长3384米，绿化形式为三板四带式。道路北段行道树是香樟，枝叶幢幢，翠盖重密，南段为北美枫香，树形端正，枝序秩然；机非隔离带内种植的花灌木有樱花、茶梅，樱花树姿开展，繁花复树，茶梅树冠紧密，叶色浓绿，落叶常绿相间，冬春花期交错。下层间隔种植有小叶女贞、红叶女贞、金叶瓜子黄杨和红花檵木，模纹色块中点缀草本花卉，一年四季，时迁景异。

　　两侧绿地满铺常绿高羊茅草，其间种植的香樟、玉兰、桂花、含笑、慈孝竹、淡竹、鸡爪槭、红叶李、垂丝海棠、紫薇、石榴高低错落，疏密有致，还一片片点缀着金丝桃、迎春、茶梅、栀子花、桃叶珊瑚、南天竹等地被，简洁明朗，朴实大方。

　　虞山北路的秋色最为壮观。秀美的虞山黛影，与漫街红透的北美枫香交织在一起，景色如画，浑然天成；北段浓绿的樟树与黛色缭绕、层峦叠嶂的虞山高下相映，更显气势磅礴。

　　虞山北路绿化，以自然美为主调，充分借景虞山自然山色，注重植物造景，塑造与虞山山林融为一体的自然景观，体现生态与城市、人类与自然的完美结合。

借景春霁

城市绿带

路侧绿化

黄河路绿化

建设单位：常熟市建设局
　　　　　常熟市风景园林和旅游管理局
施工单位：常熟市古建园林集团有限公司
　　　　　常熟市天园绿化有限公司

　　黄河路位于常熟市区北部，东连通江路，贯通常熟城市副中心——沿江开发区，西端与虞山北路丁字形相交，是市区北部东西向主干道。全长5160米，路宽50米。2005年进行景观改造，成为城市又一条靓丽的景观大道。

　　黄河路绿化工程始建于2003年春，当年竣工。2005年道路东延的同时又进行绿化调整和景观改造。改造后的黄河路机动车道为6车道，两侧各2米宽的机非隔离带，非机动车道外侧、人行道上各有3米宽绿带。道路外侧东段（东三环——海虞北路）为10米宽绿带，西段（海虞北路——虞山北路）根据临街建筑情况，设有5～10米宽窄不同的绿带，串连着十字路口、临街建筑间的块状绿地。道路绿地率44.5%。

　　黄河路机非隔离带上层种植红玉兰，中层间植紫红鸡爪槭，下层相间满种金边黄杨、红花檵木、金叶女贞、红叶石楠、小叶女贞等地被植物组成模纹色块，上、中、下层次分明，生动有致。

　　人行道绿带行道树为香樟，高大壮丽的樟树下相间密植红叶石楠、金叶女贞、红花檵木、鸢尾等地被植物，构成色彩缤纷的模纹图案，形式简练，气势宏大。

　　十字路口交通绿岛、桥面绿岛铺满四季草花，色彩绚烂，活泼多姿。

　　道路外侧东段，前景自然式种植市树腊梅，高羊茅草坪内镶嵌南天竺、杜鹃和丰花月季；中景树为桂花、石榴、红叶李，弧形条状种植；背景列植湿地松，间距60米丛植广玉兰一组。四季色彩丰富，高低错落有致。西段，道路外侧绿带交织着临街块状绿地。背景树为广玉兰、杜英、女贞，其前错落种植腊梅、垂丝海棠、石榴、紫薇、紫荆、桂花等花灌木，间有银杏、无患子、黄山栾树、紫红鸡爪槭、红叶李等色叶树种。块状绿地多为疏林草坪，其内园路纵横曲折，乔木林中配置有硬地、花池、廊架、座凳，招徕附近居民和行人驻足健身、休闲。

　　黄河路以腊梅、紫红鸡爪槭为主调树种，春秋佳日，红叶血染、妖艳如醉；隆冬时节，金灿黄花，独领风骚，突出渲染了市树、市花景观。

　　黄河路种植各类园林植物78种，在种植形式上四季主景突出，以红玉兰、红枫、垂丝海棠展示春华，广玉兰、香樟、杜英体现夏荫，桂花、红枫、黄山栾树浸染秋色，腊梅、南天竺、湿地松烘托冬景。植物组合层次丰富，各具特色。

断面绿化

路口绿化

临街绿化

城中小游园

青墩塘路绿化

建设单位：常熟市建设局
施工单位：无锡市绿化建设公司
　　　　　常熟市绿地园艺有限公司
　　　　　常熟市王庄农林特产有限公司

青墩塘路位于城区东部，是常熟通往上海的交通道路，全长3865米，路面宽31米。道路绿化形式为三板四带式。道路北侧紧邻青墩塘，绿带宽阔，南侧绿地相对狭窄。

青墩塘路绿化较好地保护和利用了原本的自然生态、地形地貌，根据不同生态环境配置植物景观。树种选择上以乡土树种、地带性植物为基调树种，创造密林、疏林、林带、湿地、水生植物、色块地被等植物景域。既有高大浓密、厚实粗犷的树林、湿地，也有极具时代气息、精致细腻的模纹色块，规整中具自然，自然中有章法。

青墩塘路行道树为无患子，树姿端直清雅，秋叶黄澄艳丽；机非隔离带上层6株紫薇、3株木槿组合种植，下层相间种满了金叶女贞和小叶女贞。紫薇、木槿花期极长，自夏至秋，色彩缤纷，经久不衰。

青墩塘路绿化，以北侧的绿带最是壮美秀丽。紧靠道路，红花檵木、金叶女贞、龟甲冬青、春鹃、夏鹃组成模纹图案，线条柔顺自然，物种多姿多彩，形成绚丽、开朗、壮阔的空间景观，其后规则式弧线形种植桂花及海桐球、枸骨球、火棘球、龙柏球等冠形丰满圆整、高低层次分明的植物作为临街模纹色块的背景林；桂花林带后，上层有榉树、朴树、枫香、意杨、合欢、香樟、广玉兰、女贞、木荷等乔木，中层有鸡爪槭、红枫、樱花、垂丝海棠、红叶李、斗球、石榴、杨梅、山茶、夹竹桃、石楠等花灌木，林带式片植组合成有障、有透、有疏、有密；多层次或单纯种植的乔灌木林，其下或旷或奥分布着桃叶珊瑚、八角金盘、络石、常春藤、白三叶、红花酢浆草、百慕大等地被植物，使绿带中部呈现郁郁葱葱，多姿多态的密林、疏林、地被、草地，浓密旷野多变的绿色空间，穿过中部林带往北，滨临青墩塘，沿河绿带以水杉、落羽杉、中山杉、木芙蓉，临水以垂柳、黄馨为骨干树种，高阜上种植碧桃，低平处满铺鸢尾，构成富有江南地域特色的滨河湿地景观。

青墩塘路绿化，植物种植层次错落有致，季相、色相富于变化，大气自然，体现了生态与美学、自然美与人工美的统一。

路边树阵

道路绿带

街道绿化

木槿花开

绿地

绿地廊架

元和路绿化

建设单位：常熟市城市经营投资有限公司
施工单位：常熟市杨园园林工程有限公司

　　元和路位于城区西南隅，向南进入常熟招商城，往北经书院街、北门大街，连接虞山北路，成为贯穿常熟古城南北的主要干道。

　　元和路全长1116米，路面宽30米，一条中央隔离带、两条机非隔离带上层均植香樟，树姿壮丽，枝叶稠密；樟树下严严实实覆盖着金边黄杨、红花檵木、金叶女贞、龙柏、茶梅等色彩艳丽的地被植物，其间还一年四季镶嵌着形色各异的草本花卉，装点得更是妖娆。两侧人行道上的行道树是合欢，枝叶清雅，绿荫为伞。道路两边的绿地内种有杜英、栾树、瓜子黄杨、桂花、红叶李、樱花、栀子花、杜鹃、扶芳藤、络石、书带草等园林植物，层次错落，布局贴切，临街建筑隐现其后，显得典雅生动。

　　元和路绿化，在景观设计和绿化施工过程中，十分注重对原有香樟等大树的保留和利用，以乔木为主体向空中发展，扩大绿量，提高绿视率，增加叶面积指数，创造绿荫匝道的植物空间。每当酷暑盛夏，翠帷覆盖，人行或驱车其间，如入林中，清朗凉爽，沁人心脾，体现了城市生态与城市景观的完美结合。

元和桥

城墙遗址

城墙遗址

道路植被

城墙遗址

香樟浓荫

道路绿化带

香樟浓荫

虞园小游园

建设单位：常熟市风景园林和旅游管理局
施工单位：常熟市杨园园林工程公司

虞园小游园建于2002年9月，是常熟市市园林局根据人防工程需要，结合城市绿地布局建设的一个比较有特色的城市游憩绿地。游园占地7693平方米，建设总投资费用达100万元。从服务功能和景观设计上都有较新的立意与手法，同时在一些材料选择上也采用了新的尝试，工程施工过程中特别注重细部处理，在整体"小"的框架下，强化"深"的内容挖掘。

入口的设计独具特色，体现琴川文化的浮雕墙，镂空形式别致的景墙和景观石，组成了生动活泼且极具内涵的对外门户。园内的景亭，高低远近的植物配置，通过科学艺术的园路组织和引导，完整地形成了一个生动活泼、功能明显和景观突出的精致绿地。园路和硬地铺装也颇具匠心，纯黑磨光的卵石与精致切边的花岗石构成的园路色彩动感鲜活，橡塑草坪砖铺成的休憩活动区域踩踏感尤其舒适。同时，在有限的空间里，通过适当的微地形处理和植物层次的搭配，使整个小绿地立体感觉和远近层次不乏丰富，视觉享受与活动欲望都得到了加强。在植物景观上，适宜的常落比、乔灌比及色彩形态比，将四季的景象都作了很好的分配和安排。

最后特别需要指出的是，由于绿地下就是人防工程，土层平均厚度不到1米，给工程设计和施工带来了极大的困难，这也使得建设的效果显得更加难能可贵。

橡塑草坪

园路铺装

街道绿化小品

浮雕墙

长江路小游园

建设单位：常熟市建设局
施工单位：常熟园林风景绿化工程有限公司

在常熟市区为数众多的小游园中，长江路小游园应该算不是精品的精品。有限的面积，低廉的投资，普通的区位，朴实的设计，单从这几方面看，确实体现不出特别之处。但换一个角度看，节约的成本，简洁的手法，突出的效果和功能，也成为长江路小游园成功之所在。

游园面积2450平方米，工程造价约10万元，建成于1998年。园内一切元素都很普通，随意的点石，看似散落的乔木和三五成群的灌木，用水泥路砖铺设的硬地和园路，再简单不过。预制的花架和休息弯廊，算是园内最奢侈的设施了。就是这些简朴的元素，组合在一起，组合在城市街道一隅，置身其中，你就可以把城市的喧嚣自觉地留在路边。而在城市的车流中，你也无法让自己的目光从这个别样的景致上一擦而过。于是，这里成为行人和周围居民习惯驻留的绿洲也就不足为奇了。

漏窗与绿植

紫藤架

绿色铺装

层次错落

常福园

建设单位：常熟市风景园林和旅游管理局
施工单位：常熟市报慈绿化工程有限公司
监理单位：无锡市园林建设监理有限公司常熟分部

　　常福园位于居民区密集的长江西路西段，之前这里虽然接近虞山国家森林公园，但是作为城市街头游园而言，确实极为缺乏，居民对休憩绿地的需求非常迫切。2002年底，结合区域改造，市园林局投资235万元进行常福园建设，工程于2003年春完工。

　　游园占地3500平方米，由于地块基础条件比较差，工程中对毗邻的河道进行了相应的整治，又花费了较大的精力进行地形整理。常福园最突出的特点就是大树成群，而大树下的活动空间设计得非常合理，通过张拉膜休闲亭、弧形木质廊架与硬地的巧妙结合，使活动空间比例得到了极大的扩张，为居民的晨练等活动提供了必需的保证。需要说明的是，香樟和广玉兰等大树并非工程购入，而是从其他正在拓宽建设的城市道路上移植过来的。游园的其他设计延续城市小游园朴实内敛的风格，主入口依旧以常规景墙作为提示，园路以自然碎石铺装，植物均为普通品种，以强调群体效果为主。

　　常福园建设的目的很明确，就是在保证较高景观效果的前提下，突出其使用功能。从实际成效来看，已经完全达到了初衷。

弧形木廊

景墙

木廊及座椅

膜亭

绿植及置石

居住区绿化

琴 枫 苑

设计单位：上海同济大学设计院
施工单位：常熟杨园园林工程有限公司

作为全国四个县级国家安居工程建设试点城市之一，"琴枫苑"住宅小区是常熟市人民政府住房制度改革办公室根据国家、省、市国家安居工程建设有关指示及常熟市住房新机制实施方案精神，用3年时间（1998～2000年）在我市城区北郊五星地区兴建的国家安居工程住宅小区。

"琴枫苑"住宅小区总占地面积17万平方米，小区内除中心绿地外，还有大块组团绿地，绿化面积共9万平方米，绿化率达到52.9%，人均公共绿地面积5平方米。

"琴枫苑"住宅小区始终坚持以人为本的规划设计思想，为广大中低收入家庭创造一个布局合理，设施一流，生活方便，全方位管理，环境优美的具有常熟特色的新一代居住小区。"琴枫苑"获得"九五"国家重大科技产业工程——2000年小康型城市住宅优秀示范小区金奖。2001年元月被评为江苏省园林式居住区。

琴枫苑绿化布置旨在为人们创造一个生意盎然、丰富多彩、安静、祥和的小区环境，为居民提供多样的活动场所，让居民置身于优美的环境之中能感受到空间气氛的亲切熟悉，以及无处不在的温情。

为了使整个小区的环境既统一又丰富，小区分中心景观广场、翠竹居、紫兰居、雪梅居、金菊居、滨河绿带、屋顶花园、三环路林带等8个区域。

中心广场地处中央腹地主入口以西，为开放性休闲广场，居民大多在此进行集散活动，因此设计中硬地较多，采用现代构图结合传统的绿化布置，广场中心设有彩色音乐旱喷泉，四周以四季花池作陪衬。南侧为大草坪，配置3棵大雪松作点缀，简洁、明快，另一侧为雕塑、小溪、湖泊，人们由广场喷泉被吸引顺着雕塑、小溪、瀑布随流而下。就仿佛寻幽探胜者，觅寻源头，起到引人入胜的效果。中心广场是整个小区绿化环境的核心和精华所在，以"七溪流水皆通海，十里青山半入

中心广场

城"为广场造景立意，体现中心广场塑造小区形象，满足人居的多层次活动需求以及改善小区空间环境、生态环境三大功能，创造一种亲切、优雅、古典的社区氛围。

走进翠竹居，满眼绿意与建筑物翠绿外墙交相辉映，使人感到浓浓春意。绿化环境处处体现一个"翠"字，以树龄20年以上的香樟为主树种，辅以大量慈孝竹、石笋、鹃花、茶花、木芙蓉等常绿树种，整个组团绿量充足，苍翠欲滴，并设有小型雕塑"萌芽"一座，不少景点还自然放置一些天然海魂石。

紫兰居强调以热情、奔放为环境立意，采用高大棕榈为主树种，辅植花期较长的日本樱花，点缀弧形廊架，突出组团中心，给人一派南国风光的感觉，到处洋溢着夏天的气息。

金菊居象征秋天，品种纷繁、造型各异的枫树构成组团绿化骨架，小河边趣味盎然的天然木桥沟通了金菊居南北两部分，观棋厅独具匠心地采用茅草屋顶和仿枯木栏杆，一座主题雕塑"夕阳红"道出了金菊居的实质："金菊居是秋天，金菊居是成熟"。

"江南水乡，粉墙黛瓦，小桥流水，人家枕河"是雪梅居环境的真实写照。一座精心雕琢的小石桥用冰冷的石材给人以方便和温馨，含苞待放的玉兰和红梅告诉人们，春天还会远吗？

滨河绿带是一条有力的纽带，把整个小区环境有机融合起来，并且通过更为精细的手法把琴枫苑的环境营造水平推向一个新的高度。绿带中部巧妙利用圆弧房底层框架空间，用卵石路、休闲平台与对景植物、各种花卉赋予绿带情趣和休闲观赏性，用大片枫林烘托出"琴枫苑"的立意。绿带中部与中心广场遥相呼应，把住宅景观送入广场，把广场景观引入住宅，绿带东、西部均设置全民健身设施。河边散植杨树、桃树，把"一支杨柳一支桃"的江南水乡传统绿化特色巧妙运用到现代居住区的绿化环境之中。滨河绿带是小区中最具亲情，最能使人感受到大自然气息的环境精华所在。

屋顶花园以低矮的观花、观叶、观果植物和树桩盆景类为主，体现"少而精"、"小中见大"之特色。由于屋顶花园土层浅，树大易招风，因此在流畅的曲线型园路花台中，种植红花檵木、紫鹃、金叶女贞等组成地被景观带，并植苏铁、扶桑等南方植物以及苏派盆景为主的盆景流派。

三环路林带由干直挺拔，冠形端正，叶形奇特，花如金盏，古雅别致的珍贵树种——马褂木和法国冬青组成，落叶、常绿树种混交林带，地面覆盖白三叶草，不仅具有防尘隔声之功，并起到防风防寒之效。

绿意入室

曲径一带

广场喷泉

信步华庭·艺墅

设计单位：上海源景设计有限公司
建设单位：常熟市尚湖房产开发有限公司
施工单位：王庄农林特产有限公司

信步华庭·艺墅东邻城市干道华山路，西临城市干道李闸路，南侧为支三十路，沿小区北侧为宽约10米的自然河浜。总占地面积为76000平方米，其中绿地率达50%。区内景观以人为本，从人的休憩、观景、交往等功能性需求出发，营造现代化人性景观环境；乔、灌、草本和藤本植物因地制宜，相互协调，力求营造一个人与环境和谐共生、良性互动的生态环境；强调小区景观的整体性、景观品质的总体提升，而非只突出某一方面的景观效果。

景观布置上充分尊重原地基基础和建筑形态，景观构架的两环、一轴为该小区的最大特色。两大环系分别为外环系统的绿环（植物系），内环的蓝环（水系），而主轴由城市干道支三十路渗入，并串联两环，形成主要的入口景观轴。主轴从城市干道支三十路穿过会所架空层向右55°延伸，并重合于内环水系上，从而改善了主入口进入时的局促感，并引导空间朝东北延伸，创造出一个宽广深远的入口景观空间。内环带是小区的中心位置，位置优越，360度景观面，体现了"景观居住岛"的构思，以自然形态水景环绕形成岛屿间的自然分隔，形成了住户良好的景观和较多的水岸风光。兼顾了住户的安全与私密性。外环系统的形态由车道形成，道路两侧宅前的大片绿地自然形成绿廊。外环的特色在于入户前院空间，有如传统中国园林的入户形式，形成传统的审美取向和内敛心态。在种植上，外环以粉色系（如红叶李、樱花、海棠等）为主，辅以紫色系（八仙花）、黄色系（枫香等），内环以白色系（白玉兰、含笑）为主，辅以其他色系的植物。外环绿带与内环的蓝带共同构筑了小区的风景线，结构简洁、清晰，围合性强，使日照、通风、环境的均好性得以很好的体现。艺墅区内利用造坡，形成众多丘陵、绿地和坡形绿地，活泼自然，与区内错落有致的建筑形态形成呼应。水畔置以花草片石，道路及宅前林荫树丛，充分展示了区内绿地环境的艺术底蕴，还原大自然的生活气息。

种植上充分体现现代生态绿色景观小区内"生态效益"和"景观效益"的整合。以"生态平衡"为指导，合理布置绿地系统，遵从"生态位"原则，采用复式栽植手法，植物配置良好；遵从"互惠共生"原则，植物之间的关系十分协调；模拟自然群落结构来提高"物种多样性"，选用高、中、低不同植物的有机搭配和色彩组织，注重整体绿化配置的季节性搭配与地方特色，形成了小区层次分明、丰富的整体绿化效果。

居住区绿化

卵石滩

河道驳岸

1　入口广场水景
2　入口树阵广场
3　和风亭
4　亲水台阶
5　水体
6　私家花园
7　小广场
8　次入口
9　配电室
10　垃圾站
11　桥
12　长廊
13　私家水景
14　儿童乐园
15　长者园
16　特色花带

小区平面布局

润欣花园

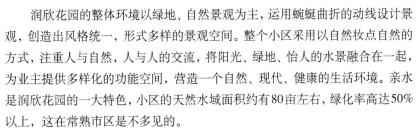

设计单位：上海佛莱明建筑环境艺术设计公司
建设单位：常熟新源房地产有限责任公司
施工单位：常熟市报慈绿化工程公司

润欣花园的整体环境以绿地、自然景观为主，运用蜿蜒曲折的动线设计景观，创造出风格统一，形式多样的景观空间。整个小区采用以自然妆点自然的方式，注重人与自然，人与人的交流，将阳光、绿地、怡人的水景融合在一起，为业主提供多样化的功能空间，营造一个自然、现代、健康的生活环境。亲水是润欣花园的一大特色，小区的天然水域面积约有80亩左右，绿化率高达50%以上，这在常熟市区是不多见的。

水是生态环境中不可缺少的一大重要资源，整个小区由中心湖泊延伸出几条支流，将整个小区环境融会贯通。广阔的中心湖泊使人心旷神怡，而蜿蜒的溪流则挑起了人们的万千思绪，展现中心湖的方式不仅有水的外形，更有水的内容，在沿岸的处理上以自然的手法装饰驳岸，采用不规则的驳岸退让、延伸来打破狭长、一望到底的视觉局限。大片的草地加以四季草花、条石、碎石步道作为镶嵌，从环境的角度上丰富了建筑的立面，从而减弱了建筑带给人们冷、硬的感觉。水生植物的丰富形态结合水岸和水上道路形成有规律的布置，有草坡与水面直接接驳，也有卵石接驳，更有鲜花水岸。另外木制平台、水树阵、雾石潭又丰富了驳岸的内容，使得原本单调的湖岸更添生气。

家园依水而建，绿意浓浓，贴近自然。小区的环境设计采用了园路虚虚实实、形断神连的形式，以大弧线的园路及不规则排列的直线园路来串起整个小区。从传统中国园林的造景思想中提炼出"借景"、"对景"和"移步换景"等手法。又吸取西方园林的有序排列和严谨的空间构成。使每个宅间空间，既有一致的视觉感受又有不同的空间体验，既有简单的平面构图，又有丰富的对景效果。

不同环境区域的铺地所采用的材料不同，所起的作用也不同，地坪材质的铺设采用不同材料的相互衔接，达到视觉上的美感。车行道的铺地主要起到导向作用，如出入口；园林步道特色铺地可以形成良好的地面景观，丰富和美化环境空间；住户入口特色铺地使得室外的环境能够很自然地过渡到建筑和室内。

灯光的布置旨在晚间也能够营造出独特的宁静气氛，在保证足够照明的亮度下，通过不同的灯具组合，点出错落有致、优雅、舒适的灯光景观环境。高杆灯是主要的光源，又是道路两侧的具有强烈标识性的景观组成部分，庭园灯以及草坪灯使夜间的特有氛围也能够得到充分的展现。

植物选择常见的常绿植物为主，结合建筑、地形与小品，通过不同的选择配植组成不同的景观效果。植物配置注重观赏和健康的双重功能，并配以春夏秋冬为主题的花卉或树木，营造出四季缤纷的效果。在沿路的带状区域中使用一定数量的高大乔木以体现小区的自然气息。为小区的对外形象增添亮丽的一笔。

整个景观设计以自然为主，又不失现代的生活气息，丰富而又简练，营造出一个温馨祥和、自然健康的生态型的居住空间。

别墅群

单幢别墅

别墅区景观

疏林绿植

绿化一角

名 流 世 纪 庄 园

　　名流世纪庄园由常熟名流房地产有限公司开发建设，是城市最大规模亲水生态别墅区。该住宅区地处三环路以东，通港路以南，长江路延伸段以北，总占地面积约48.6万平方米，总建筑面积15万平方米，绿化率78%，容积率为0.31，共300栋别墅。别墅区除了沿袭当今时兴的亲水和低密度建筑设计理念，最大的特点是对住户个性化需求的张扬与满足。单体建筑风格的差异性构成了整个别墅区风格的多样性和丰富性，在以欧式风格为主色调的基础上，达到古典与现代的有机交融，并营造出了岛屿水景组成的豪华景观，成为生态别墅的典型样本。该别墅区北依河流，又有支流于其间穿流而过，水系纵横交错，因此确立了"以人为本，以水为魂"的规划指导思想，充分利用该地块内现有的水网，构成流动水系，并在水中设置大小不等的岛屿，营造良好的小区环境，远离噪声和污染，让居民充分亲近阳光、绿化和水面。

　　常熟市名流世纪庄园，坚持完全国际化的生活标准，将凝聚着精致、深厚的欧式建筑人文的古典主义风格与国际化的生活标准完美结合。

倚水居

点石河岸

河道驳岸

窗明影疏

亲水

建筑细部

住宅绿植

宅园绿地

红 枫 苑

建设单位：常熟市经济实用房开发中心
施工单位：常熟市杨园绿化园艺装饰有限公司

红枫苑居住区由常熟市经济实用房开发中心建设，为全市第一个小高层住宅小区。红枫苑邻近新世纪大道，位于黄河路以南、东临三环路、西接红枫路，占地面积46200平方米，绿化面积37800平方米，小区绿地率超过60%。

红枫苑小区建设本着"以人为本、回归自然"的设计理念，充分利用小区内的有限空间，实施绿化造景，力求营造生机盎然的人间仙境。

小区入口整体布局采用保龄球形，中国红横向铺装，两侧由高到低灌木阶梯收低，层次分明，配以羽毛枫、月桂等名贵树种，充分显示小区高贵典雅的氛围。

中心绿地的天坛部分整体布局平缓开阔，采用拼花广场砖大片铺设，四周不锈钢栏杆透明玻璃、弧型花坛起到美观与隔道双重作用，站在天坛上看任何一个方向都可以欣赏到大片绿地，让人觉得心胸开阔，更有枫叶形红色地砖滚落不锈钢露珠，五层以上业主晨起就可以欣赏到枫叶滚露珠的自然美景。

在滨河区大坡度土方造坡，大规格树木、灌木、球类、色带相互搭配，营造品种繁多，物种丰富。沿河小路防滑处理，漫步其间，即刻享受"绿树成荫、花木扶疏、鸟语花香、缓坡清流"的清新感觉。

在湖的中心，还有个湖心岛。为追求现代之中的世外桃园，湖心岛在整体住宅建筑以外，创造了一个相对独立的自然空间。通过曲桥延伸入湖心，四周用法国冬青密植，红枫点缀赏心悦目，西洋亭供小坐，老树根台凳供下棋娱乐。

小区一角

主体住宅

路侧绿化

小区入口

风景区与生态湿地

风景区与生态湿地综述

宝岩山色

尚湖天岩

兴福禅寺

芦荡风光

常熟山明水秀，风景与生态湿地资源丰厚，尤其自改革开放以来，规划建设承上启下，开拓创新，传统特色与现代景观相映增辉，已形成国家级虞山景区和虞山国家森林公园、尚湖国家城市湿地公园及沙家浜芦苇荡风景区等各具特色、名闻中外的风景区与生态湿地园林。

尚湖背依十里虞山，相传为太公姜尚避纣隐东海时垂钓于此而得名。因地处城西，又名西湖。景区面积达12平方公里，其中水面达8平方公里，环湖大小湖田、星罗棋布、绿野千顷、港汊深深、鸥鹭翔飞、天开画镜、景色佳绝。自1985年起，根据规划已建成以湖中湖和牡丹园为特色的临湖荷香洲水上公园，以垂钓活动、高尔夫练习场及水上森林为特色的钓鱼渚公园，以体现古今文化和云崖飞瀑为著称的山水文化园，并构筑了成为鸟类天堂的湖滨湿地森林和枫林洲、桃花岛、鸣禽洲等湖中洲岛，以及绿树参天、生气盎然的环湖绿色走廊。充分地将山水风景、特色文化与生态湿地风光融为一体，成为名闻海内外的首批国家城市湿地公园。

虞山，位于常熟城西，其东部伸入古城区。总面积达14平方公里多，南临十里尚湖，山色湖光、风景如画。向以秀美的自然山水风光融合多彩的历史与时代人文景观闻名于世，其景观特点在总体上可以概括为"古朴、秀雅、奇丽多彩"。已成为国家级太湖风景名胜区的著名景区和虞山国家森林公园。根据虞山景区总体规划，已先后实施建成以恢复重建明代跨山城墙和虞山门城楼、虞山公园为特色的辛峰山城景区；以齐梁古刹兴福寺和新建茶文化中心为特色的兴福景区；以重建虞山剑阁和剑门奇石闻名的剑门景区；以及西山以古今杨梅林区为特色、多种山林植物复合共生的宝岩生态观光园。并构成北山山林竹海、桃林映红、西山万松耸翠、兴福桂栗飘香、枫林秋爽等著名植物景观区，形成虞山景观最为丰富并各具特色的风景园林区。成为风景区和森林公园弘扬人文历史，可持续发展自然生态环境、体现高品位人文与生态景观的规划建设佳构。

沙家浜芦苇荡风景区，为全国"红色经典旅游景区"，位于常熟南部，南临锡太一级公路，西邻沙家浜集镇区，东南外围通苏嘉杭高速公路。景区总面积达1.6平方公里。规划充分体现以"红色经典游"和江南芦荡湿地绿色风光游相结合，已建成革命传统教育区、国防教育园、红石民俗文化村、沙家浜影视基地、芦荡水上风光游览活动区等。成功展示了具有江南水乡革命胜地特色、名闻全国的红色旅游经典景区的革命史迹和胜景风光。

尚湖山水文化园

国家城市湿地公园——尚湖风景区之山水文化园

设计单位: 上海交通大学地景园林规划设计研究所
杭州风景园林建筑设计院
建设单位: 常熟市风景园林和旅游管理局
施工单位: 常熟市古建园林建设集团有限公司
常熟市天园绿化有限公司
监理单位: 常熟市诚信工程建设监理有限公司

尚湖,因殷末姜尚避纣王暴政,隐居于此垂钓而得名,其北依虞山,东邻常熟古城,山青水秀,是国家级太湖风景名胜区之重要部分。"十里青山半入城,万亩碧波涌西门",尚湖一向为江南著名的休闲旅游之胜地,黄公望、沈周、唐寅、康有为、于右任、柳亚子等历代文人均有题咏传世。

多年来,遵循边建设边开放的原则,尚湖风景区先后建成荷香洲景区、钓鱼渚景区、串湖堤景区、环湖林荫景观、水上湿地生态林、高尔夫俱乐部等,将吴地文化、生态文化、姜尚文化、休闲运动文化充分结合,使人造景点与自然景观融成一体,充分展现了尚湖之自然之美。

山水文化园是尚湖风景区南入口的重要部分,其彻底改善了尚湖风景区的生态环境和景观现状,使景区更适应人们的更高要求,同时也是尚湖风景区的景观建设上的一个新亮点。

从环湖路进入公园,6000多平米的入口广场,排林荫群,古木参天。广场后立有一巨型照壁,上有明代尚书邑人丁奉所撰《尚湖赋》文笔优美、意境深远,两旁林立着历代文人为尚湖所题歌赋诗辞,使整个入口充郁着浓浓的人文气息。绕过诗墙,眼前豁然开朗,站在巨大的水上表演舞台上,整个文化园秀美景色尽收眼底,中国造园"先抑后扬"之精妙在这里得到充分体现。穿过两旁的花径,前面就是"赏月亭",亭内陈列着尚湖良渚文化时期的遗存,距今已有4000~5000年历史,具有极高的史料价值。走出"赏月亭"穿行于长约50米的彩虹坡,坡上碧草青青,鲜花烂漫,彩蝶纷飞,坡下"双亭叠影",碧水蓝天,相映成趣。传说,当年的钱谦益、柳如是就是从这儿弃舟登岸。再往北去,便是"天岩飞瀑"了,整个假山突出"天岩"、"飞瀑"的特色,水口山石前悬,湖中设矶石,瀑布自上一泻而下,水落深潭,与矶石相碰,发出轰鸣声与飞雾,声色俱美。在假山飞瀑之间开设有山洞,洞中之人亦可见洞外飞瀑,别有情趣。过了"天岩飞瀑"往西是一片将近1600平方米的"天星滩",这里除了留有当年姜太公避纣隐于尚湖时的垂钓遗迹外,又新添了许多当代政要、名人的书法墨宝石刻,让人体会到了一种浓厚的文化氛围。沿湖而行,湖岸曲折迂回,路右有溪流、曲桥、竹林,路左是木拱桥,过桥在一片蓊蓊郁郁中,一座砖木结构的楼阁临水而起,平脊低檐,回廊环护。主屋临水的一面,都开有低矮的轩窗,古朴自然,屋外是临水的平台,直扑于湖面,水木相亲,浑然一体。屋内宽敞明亮,精巧雅致。临窗或临水而坐,清风徐来,水波不惊,在休闲品茗之余,纵览园内的隐隐青山,悠悠碧水,舞榭亭台,草木交辉……

该园在植物造景上不过分强调单季效果,而是运用物种多样、季相变化有致植物配置方式,体现群落的四季效果,并形成各具特色的植物景观。如疏林草地景观、树阵广场景观、色叶林景观、观花植物景观、常绿密林景观等。周边以高大乔木、花灌木、地被植物构成分隔外界环境的绿色屏障。入口以香樟、银杏等形成色彩对比鲜明的树阵和气势雄伟、形态优美的绿化氛围。在湖浅水处,配置挺水植物或浮叶植物等;在湿地配置湿地植物,形成临水植物群落。湖岸种植湿生植物,如池杉、水杉、枫杨等。

《尚湖赋》照壁

放歌台

天岩飞瀑

绿荷接天

水上森林

湖汊水景

香樟葱郁

环湖林荫

尚湖人文展馆

湖山堂

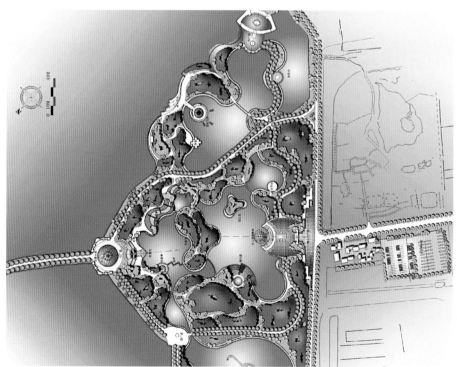

山水文化园规划平面图

荷香洲

虞山风景区之宝岩生态观光休闲园

建设单位：常熟市虞山林场
施工单位：常熟市石洞绿化有限公司
监理单位：常熟市交通建设监理有限公司

虞山国家森林公园位于常熟市城区西北，自然生态景观和人文历史景观都十分丰富，并且由于其独特的区位被誉为"城市中的森林公园"。

宝岩生态观光休闲园位于虞山西部，地处虞山国家森林公园腹地。宝岩湾依山面湖，具林、谷、山、水之趣，生态旅游资源丰富，是常熟果林集中区，大片的杨梅林、茶树和果园，尤其是传统种植的杨梅闻名遐迩，"宝岩看杨梅"一向是常熟民间休闲旅游的重要内容，相沿习习。

按功能可以分为6个区：入口服务区、生态观光体验区、生态养生度假区、宗教文化区、梅竹休闲区、激情森林活动区。

绿化隔离带位于休闲园地块南面水渠处，总长600余米。沿水渠一面间隔栽植二排高大的香樟树，形成绿化隔离带，既是绿荫大道，又起到视觉阻挡效果，还减少外界的噪声传入。

溪流的河岸线蜿蜒曲折，符合山野自然特色，所配植物皆选用颇具野趣的种类，如胡颓子、火棘、构骨、蔷薇、金银花、地锦等、其间散落着大小石块，极为自然，一番野趣。整个景观重点体现山野风味，让人感受大自然的清新、脱俗。

福海池以自然驳岸形式设计成太极阴阳鱼的样式，整个水岸设计自然中不乏精致。池中栽植睡莲，池边种有水生植物如鸢尾、金线蒲、菖蒲等，岸边可选植垂柳、银杏、鹅掌楸、夹竹桃、金钱松等树形优美的树种。

木构临水

栈道透逸

竹桥轻虹

竹林清趣

苍梅映水

山色

茶林

宝岩寺

宝岩寺

竹林

栈道映绿

弯拱齐卧

福海池

竹径幽然

清溪

沙家浜芦荡风景区

设计单位：上海同济城市规划设计研究院
建设单位：常熟市沙家浜镇人民政府

沙家浜镇位于常熟市南隅，与苏州市相城区、昆山市毗邻，水陆交通便捷。沙家浜镇境内有众多的河湖水面，尤其是镇区西北部的昆承湖，湖面宽阔，水质优良，是难得的水上活动场所。大片的芦苇荡与农田、村落交织成片，浩浩荡荡，一望无际。著名唱段"朝霞映在阳澄湖上，芦花放稻谷香岸柳成行"形象而生动地勾勒出了沙家浜的自然景观特征。

沙家浜镇区的主要功能为沙家浜镇旅游服务核心，同时作为沙家浜镇的政治、文化、经济中心，是本地居民的主要生活和工作区域。该区域提供商贸和旅游接待、旅游购物以及交通换乘等服务，开展具有现代水乡特色的城镇观光游览活动。

湖滨度假区依托昆承湖发展轴，为主要的度假旅游接待中心。提供住宿、餐饮、会议等服务，利用昆承湖优美的自然景观和沿湖生态湿地，开展疗养与娱乐休闲、湖滨游览和水上游憩等活动。

红色观光旅游区作为旅游活动的核心景区，以"红色文化"为主体，展开革命传统教育、沙家浜革命文化与戏剧文化体验、青少年活动、野营、芦荡野战体验、室外康体活动、"勇敢者之旅"等活动。

绿色生态旅游区位于红色观光旅游区的东侧，为芦苇荡自然保护区，主要体现沙家浜芦荡湿地景观，凸显"绿色沙家浜"的生态环境特色。在保持良好的生态环境的前提下，开展活动强度低的"芦荡轻舟"、芦苇手工艺品研制中心以及芦苇展览。

芦荡迎宾大道是205复线作为进入常熟市、沙家浜的主要通道，沿线景观带种植大片芦苇，局部地段种植水杉等植物，体现出常熟市和沙家浜的主要景观特点。

芦荡野趣

轻舟

影视基地

湖汊中的历史

沙家浜浮雕

芦荡火种

沙家浜石雕

水上人家

红石村

一河两街

芦荡归来

沙家滨戏台

石桥

碑亭

聚隆桥

枕水人家

春来茶馆

船码头

水中长廊

沙家滨景区效果图

单位附属绿地

常熟国际饭店

设计单位：常熟市风景园林和旅游管理局
施工单位：常熟市杨园园林工程有限公司
　　　　　常熟市古建园林建设集团有限公司
　　　　　常熟市园林风景绿化工程有限公司
监理单位：无锡市园林建设监理有限公司

　　常熟国际饭店位于常熟城区环山而行的虞山北路与景观大道黄河路交会处，占地258亩，西对虞山风景区，交通便捷，拥有得天独厚的地域环境优势。该饭店为5星级标准，区内小桥流水、花团锦簇、绿树婆娑，呈现出现代园林式商务酒店的自然清新风格。

　　宾馆建筑采用既蕴含江南传统典雅建筑文化，又具有现代简约、清新的"中而新"的独特风格，由一幢12层的客房主楼和8幢风格各异的贵宾别墅楼组成。在园林绿地景观上充分体现出与其建筑文化相融合、鲜明地展现出"中而新"的园林绿地景观风貌，具有浓厚的个性特色。

　　在景观空间布局上，以商务会议活动中心为核心，周边绿水回环、垂柳依依，沿河绿带花团锦簇，石桥拱主，透现出江南水乡优美风情和现代开放，简洁清新景观高度的融和美。其北部与贵宾别墅区之间为湖泊景观区，亦为全区景观中心。沿湖岸线优美曲折、叠石自然临水，假山、亭榭错落其间，各类花木掩映、巧夺天工，步移景异，极具诗情画意，登楼可遥望虞山，俯视则一湖为镜，令人心旷神怡。主楼与各幢别墅则形成各具绿化特色的现代开放式庭院绿化空间，分别以绿竹、枇杷、桂花等为主构成主题绿化区，各呈风姿、美不胜收。局部则依地势、高低错落，形成自然有致的密林游息区，林中小径曲折、鸟语花香，极具静幽之美。综观全区，整体规划和绿化空间有机组合，在明雅秀气中透出浓厚的时代气息和个性风采。

绿水回环

常熟国际饭店入口

庭院

常熟国际饭店

尚湖花园酒店

　　尚湖花园酒店，位于常熟尚湖风景区南岸，占地100余亩，现在已成为三星级尚湖花园酒店。度假村内植被葱郁，空气清新；水域宽阔，环境优雅，鸟语花香，景色宜人。

　　酒店建筑采用欧陆结合特色，具有"新而中"的雅致、明丽风格，在园林景观创作理念上最大特点是能与其建筑文化相延续、融和，采用具有江南园林造景手法与度假建筑之间宏敞、开阔的现代绿地植被空间景观相融合，构建独具一格的园林绿化景观。

　　从空间景观布局分析，酒店充分利用其周边河道环布的特点，以内湖为中心，湖北为酒店、综合接待处、客房楼，湖南为贵宾别墅区、娱乐中心等，皆环湖而建，高低错落，自然有致。中心湖，岸线曲折优美，沿岸叠石横卧、绿树婆娑，中有湖心岛、花树掩映、亭台错落，遥对虞山，景色绮丽，充分体现了江南园林特色，而湖周客房楼与别墅度假区之间则以现代简约、大气、自然式绿化形成开放、亮丽的绿色空间，分别置以草坪、绿篱，多姿多彩的植物色块、花坛和石榴树、梨树等果木林地，度假区东北则依自然河道，采用多层次绿化形成生态湿地景观。把东西方园林艺术在自然中融为一体，形成旷奥有度、各具特色的自然美景。

莲叶团团

汀步

草坪与别墅

欲放

湖石假山

休闲绿地之中

景亭外望

鹅戏绿水

常熟市第一人民医院

　　常熟市第一人民医院位于常熟古城区，东临书院街，西为居住区，北为荷香馆，南为古城内域河九万圩，地理位置优越。其西南部为住院部，南对九万圩，在住院部南侧为清代"之园"，俗称翁家花园的遗址，虽原有建筑已大部不存，但地形格局尚在，曲水回环，与内域河相通，园中尚有部分古树珍木。该院多年悉加保护，并于1995年大力规划整修，修建以原有园林格局为基础，重建了园东沿河曲廊与廊桥、丰溪亭景点和位于南部的"之趣"桥、"漾碧"桥以及东南临河的"垂虹"桥，并于园东北新筑"芳洲"旱船，于园北临水新筑"画境文心"水榭与榭南假山林木景点，于"之趣"桥东侧筑"之福堂"，复于园南面河新筑二层仿传统建筑形制的书楼，名"抱爽轩"作为藏书、陈列杂志和医务人员阅览之用。综观全园，依托历史格局，加以弘扬发展，布局曲折有致，建筑尺度得体，花木配置相宜，步移景异极为诗情画意，成为病员休息康复和医务人员阅读学习的胜地，堪为利用古代园林遗址加以规划创作发展的佳构。

水榭

旱船芳洲

挹爽楼

常熟市第三自来水厂

　　常熟市第三自来水厂位于新港镇浒浦问村，距城区20公里，系取用长江水为水源的全市区域性大型水厂，总规模为日供水40万m³。由于该厂充分利用地埋式清水库库顶和穿越办公区的河道等加以绿化，故厂区绿化面积高达70%，高度体现了现代化制水工厂的绿色文明。

　　厂区绿化点线面全覆盖，交通干道形成以雪松、绿篱、球形植物与草坪多层次组合的绿色走廊，气势壮宏，绿意盎然。厂前办公区利用穿越的河道设以滨河水岸绿化与四周大面积竹丛、草坪绿地相组合，建筑与绿地、水景相映增辉，空间景观优美，中央干道端部并设有游息绿地，绿地内紫藤架曲折有致，草坪小径与坐凳布局自然得体。以中央干道为主轴形成纵横交错的厂区干道绿带，在绿带与生产车间、水处理地之间则植以由金叶女贞、红花檵木、龟甲冬青等组成的植物色块、花团锦簇、美不胜收。尤其是利用面积巨大的地埋式清水库库顶分别形成以牡丹、芍药和石榴、红枫为特色配以红叶李、桂花等为背景的库顶花园，令人感觉身临其境、美伦美奂，心旷神怡。绿化布局得体有序，景观宏敞亮丽，绿量充足，特色鲜明，是其特点。

办公区绿地

厂区绿化

库顶绿化(一)

滤水池

厂区广场

库顶绿化（二）

牡丹园

厂区绿化

常熟市梅园宾馆

梅园宾馆位于常熟城区虞山北路西侧，背依十里青山，风光绮丽，因宾馆西部曾为植梅之地而得名，环境得天独厚。全区占地1.6万平方米，景观秀美，结构雅致，是一座江南园林式又具现代化设施的两星级宾馆。

宾馆建筑采用江南传统民居建筑风格，既典雅精致，又简洁大气，粉墙黛瓦，明快清新。与之相呼应，宾馆园林绿地景观在创作设计理念上采用江南传统园林手法，又加以创造发展。其设计布局最大特点在于因地制宜，充分运用横贯宾馆区的丁字形溪河，依岸成景，依水成园，溪河湖地两侧布局大堂与堂吧、大小宴会厅楼与客房，使嘉宾从各幢建筑室内均能欣赏到风光如画的园林景色，且沿溪河布以曲折有致的长廊和石桥连接宾馆各主要建筑，人在廊中行，如在画中游，达到了"馆在园中，园在馆中"的无限美的意境。在溪河的南部湖地区，则巧妙布以临水廊亭和水榭，沿岸绿树参差、花木扶疏，叠湖石、置假山、设林中步行小径，花香鸟语、宁静幽美，遥对青山，令人心旷神怡，创造出如诗如画的意境。

依湖成景

石汀步

廊榭曲折

餐厅小景

长廊幽深

沙家浜上海市总工会度假村

设计单位：常熟市古建园林建设集团有限公司
施工单位：常熟市古建园林建设集团有限公司

　　沙家浜上海市总工会度假村地理位置有着得天独厚的优越条件。它位于常熟沙家浜镇，沙家浜芦荡风景区畔，其西滨临昆承湖，烟波浩淼。昆承湖，又名东湖、隐湖，是常熟境内最大的湖泊，水域面积18.3万平方米。沙家浜上海总工会度假村整体坐落在湖滨秀丽的江南田野上。

　　沙家浜上海市总工会度假村绿地合理地利用发挥周边环境有利的造景元素，将湖泊、田野、房屋建筑、园林小品、绿地草坪，色叶花卉组合一起，形成通透深远，层次丰富的景观空间。其内房屋建筑亦别具风致，完全不同于城市住宅鳞次栉比的行列式布局，而是因地制宜自然散落式的排列组合，显得自然生动、活泼舒适。都市的人们，远离喧嚣的城市，徜徉在广阔的田野，优美的风景区，安逸的度假村，在与自然悠然共处之中得到启迪、感悟，激发对生活的追求，对美与情的追求。

　　沙家浜上海市总工会度假村坐北向南，入口主干道两侧是度假村较大的一块绿地，葱绿深远，使都市的人们步入度假村，顿觉超乎寻常得恬静与和谐，其内的绿地均衬垫房屋建筑，均匀分布。园林树木以乡土的、普通的树种为主，骨干树种主要是垂柳、香樟、鸡爪槭、桂花、竹类等。看似平淡，却舒适愉悦："芦花放、稻谷香、岸柳成行"。园林植物的种植着重反映常熟当地的自然条件和地域景观，注重园林植物形体的空间尺度，注重都市人群身处其中的感受与交融。

　　沙家浜上海市总工会度假村选址得宜，布局合理，因地建筑，因势造景，自然质朴，乡韵飘然，是都市人民向往的度假好去处。

度假村广场

别墅区

楼前绿地

休闲设施

湖边一景

干道绿化

常熟理工学院

设计单位：上海锦展园林设计工程有限公司
施工单位：苏州市平江区园林绿化建设有限公司
　　　　　常熟市杨园园林工程有限公司

　　常熟理工学院（东湖校区）位于常熟市南三环路南侧，东临昆承湖，其西也滨临河道水系，南为规划中的城市道路。校园规划总面积65万平方米，其中绿地面积31.66万平方米，绿地率48.7%。

　　常熟理工学院地理位置得天独厚。学院成功地将绿地、水系、建筑及园林景观节点有序地融合在一起，尤以引入昆承湖天然水系为自然景观特征，构建似自然生成、可持续发展的生态景观，唤起师生回归自然的渴望和对自然的情感联系，传递校园文化底蕴，创造恬静温馨，绿中有景，情景交融的学院生态空间景观。

　　常熟理工学院本着以人为本，以生态为本的理念，合理布局绿地，造园造景。进入校门放眼四周，草坪坦荡，平缓起伏；花木深深，高林掩映，园林植物高低错落有致，疏密有序，与建筑配合协调，仿佛自然天成，给人以安静、淡雅、平和、舒展的园林氛围。自北而南漫步校园，银杏、香樟沿主路成行种植，名"树盛凝气"，林木葱郁，端庄大气，入秋银杏的黄与樟树的绿交织似锦。"方砚坛"为一个规划式排列的榉树林下沉式广场，是学院入口处视线的焦点。其南的整齐灌木绿篱及密植的柏类植物构成花坛，在水杉夹合下营造出一条宁静的景观通道，构成"清音廊"景点；南端的"南草坪"，平坦宽阔，绿茵上洒满和煦的阳光，温馨、和谐。一组组景点贯穿，构成了学院南北中心景观轴，将昆承湖天然水系引入，又构成贯通学院东西的水脉，她蜿蜒曲折，于中部汇聚成"缘湖"，和图书馆、教学楼构成师生活动空间，造就了校园的水岸景观，平添了校园的活力与灵秀。

　　校园内的绿化以整体环境、绿化功能要求出发，通过园林植物的色彩、形态对比创造不同特色的绿化景观形象，以常绿阔叶树为主，混交落叶阔叶树，模拟自然组成凸现自然野趣的植物群落，并在其间布局"智欣园"、"墨香园"、"石台"、"瑶台"等景点，创造出一个个独具个性的空间境域，达到人与环境的和谐统一。

　　常熟理工学院利用原有的自然生态环境，创造具有鲜明景观特色和浓重校园文化内涵的绿色校园，是校园绿化造景的成功佳作。

常熟理工学院入口

校区一景

慈虞山情　饮昆承水

传承重学　求实创新

昆承湖

校园规划总面积：65 ha
环境设计总面积：36 ha
建筑密度：12.18%
绿地率：48.7%
道路面积：55000m²
广场面积：40000m²
水体面积：17000m²

平面布局图

常熟职业教育中心

设计单位：上海回秀景观建筑设计有限公司
施工单位：常熟市杨园园林工程有限公司
　　　　　常熟市园林风景绿化工程有限责任公司
　　　　　常熟市宝苑绿化安装工程有限公司

　　常熟职业教育中心校位于常熟东南开发区，东南大道北侧，香江路以南，东为黄山路，西与东南开发区管委会毗邻。占地31万平方米，绿地率45.3%。

　　常熟职业教育中心校规划为四大功能区，办公区、教育区东北西三面汇合成的广场式绿地，主景突出，热烈奔放，富有生气。进入学校南大门，广场式绿地沿主轴布置的景观，视野开阔，次序井然；由南向此展视，综合楼坐落在主轴的北端，是职业教育中心校的标志性建筑，宏伟凝重。广场绿地东西两侧以南北主轴线对称布局两组群体建筑为教育楼，供基础教学、专业教学使用。运动区建有体育馆、运动场，生活区建有食堂和宿舍楼。草坪绿树，高低错落，旷奥相间，自然清逸。

　　常熟职业教育中心校绿化景观设计融中西方造园艺术于一体，理性空间与自然气息相互渗透，继承传统，追求现代，校园景观环境反映了时代的气息，反映了各种思维的交融。步入南大门，正中绿地内对称式湖池，岸线曲折，生动灵秀；往北依次为银杏树阵、红果冬青树阵，色相、季相丰富；过树阵、鲜花丛中簇拥着"青春飞扬"雕塑，色彩鲜明，意境隽永，是活力和希望的象征，为广场绿地的点睛之笔；再往北又是香樟树阵，绿荫密匝烘托着综合楼。正中绿地整体景观凸现了端庄、振奋、积极、向上的校园氛围。而东西两侧绿地景观布局则沿用传统的造园手法，在平坂缓坡上自然式种植为广玉兰、香樟、雪松、杜英、桂花、红枫、樱花、石榴、紫荆等树种，其下满铺草坪，点缀色块地被和草花，高低层叠、疏密有致，显得自然质朴，恬静安逸，为师生们提供了舒适的学习环境。

　　职业教育中心绿地内布置了较多的水域，成功地将江南水乡风光引入校园。

教育中心广场

青春飞扬

休憩绿地

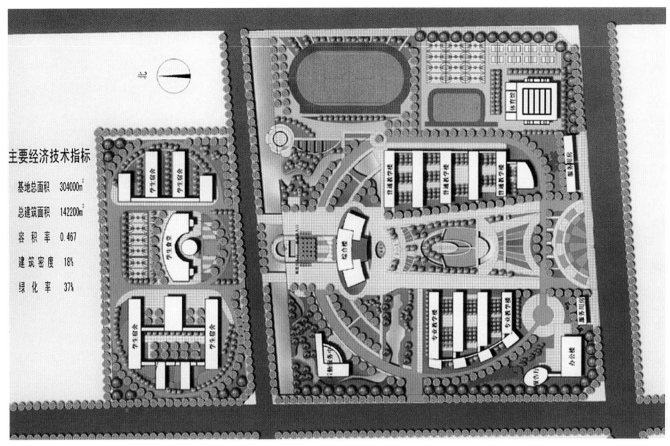

平面布局图

效果图

常熟市中学

设计单位：常熟市建筑设计研究院
施工单位：常熟市杨园园林工程有限公司
常熟市景秀园艺绿化工程有限公司

常熟市中学位于市区东部新世纪大道东侧，青墩塘路以南，其东与常熟市体育中心毗邻，北与常熟国际展览中心毗邻。学校占地总面积17.8万平方米，其中绿地面积9.2万平方米，绿地率51.8%。

常熟市中学的绿化建设，坚持以人为本，以生态为本，坚持以植物为主塑造校园景观，合理运用地形、水体、植物、道路、雕塑等造景要素，造就建筑与环境的和谐，人与自然的和谐，使校园的绿化系统、建筑群体和人文景观交融一起，创造富有常熟市中学校园个性的空间布局和绿化景观。

进入学校大门，主路两侧林木荫翳，草坪缓坡中布局运动场地，空间开敞，简洁大气，主路深处矗立着主题雕塑——"知识就是力量"，色调鲜明，主景突出，是力度、动感、生机、希望的象征，使人感到生命的活力，反映了积极向上的审美意向。穿越雕塑广场，闯入视野的是校园的水景园，中央一泓水池，喷泉洒珠溅玉，烟霏云敛，周边绿地内水溪回环，水景滋润了校园，给人温婉秀秀，谆朴舒适的意境，凸现了"曲水流觞"富有江南地域特色的人文韵味和深厚的校园文化氛围。水景园东，层林、色叶、花丛映衬和依托着图书馆、教学楼、实验楼等建筑群体，端庄、典雅、宁静，植物的林冠线与建筑的天际线达到和谐的统一。校园东部是生活区，草坪疏林中林立着一幢幢色泽淡雅的宿舍楼，舒适、温馨。

常熟市中学校园绿化，以乡土树种为主，营造独具地方特色的植物景观，树、灌、花草结合，常绿树、落叶树合理搭配，形成稳定的复层林。在校园的绿色大环境之中，还旷奥交替布局了烘托校园主题的雕塑广场，显现活力与灵气的水景园……在行政楼前以清香沁人的桂花林为主调，坐拥"陈旭轮雕像"，构成清雅隽永的名人园。这些景观节点无疑是绿色校园中意境空间的点睛之笔。

常熟市中学入口广场

水景团一隅

常熟市福利中心

设计单位：上海同创建筑设计有限公司
施工单位：常熟市古建园林建设集团有限公司

常熟市福利中心地理位置得天独厚，坐拥常熟古城北郊的虞山脚下。"远峰偏宜借景，秀色堪餐"，其内建筑错落有致布局在山麓的绿树丛中，成功地借景虞山，把虞山苍翠的山林和秀美的景色引入，突破了福利中心院内原有的空间局限，延伸视野的深度、广度，营造原生态自然山林拥抱的园林式老年公寓，使房屋建筑、园林小品、绿化景观与山麓地貌相映，浑然天成。常熟市福利中心的绿化造景，充分保护、利用了原生的地形地貌和植被，构建体现常熟地域文化和自然特征的景观，从而创造了福利中心独擅个性的造园造景特色。

常熟市福利中心占地4.54万平方米，其中绿地2.72万平方米，绿地率高达60%。绿地内合宜、巧妙地布局有廊架、景墙、水池、喷泉、假山、硬地、步道等园林设施。草甸中散点的黄石，更是匠心独运，人工置石与虞山山石浑若一体，犹如天然。种植园林植物70余种，有凸现春夏秋冬四时之景的樱花、玉兰、海棠、石榴、栀子、荷花、桂花、紫薇、红枫、蜡梅、天竹、茶花；有寓意长寿、敬老、终年常青的罗汉松、黑松和孝顺竹。福利中心绿地科学地运用乡土树种、色叶树种组合展示地域景观、山麓自然环境和颇具传统园林风格的整体绿化景观。注重老年人身临其境的感受和与自然环境的交流融合。春日，群芳叶艳，秀丽妖媚；夏季，浓荫密布，舒爽宜人；金秋，桂花飘香，馥郁清雅；冬令，水落石出，别有意境。老年人漫步其间，时而可见绿茵、秀木、奇卉舒展和谐；时而可见翠竹植于窗前，芭蕉点缀雨隅，荷花袅袅，花水相媚。让老年人心理上、精神上感悟福利中心家园的温馨和愉悦。

常熟市福利中心景区一角

池塘

园路

树阵